珍藏版
第二版

中国人自己的成才胜经，国内知识型励志读本典范

WHO

你在为谁读书

ARE YOU STUDYING FOR

一位CEO给青少年的礼物

尚阳　余闲　著

長江出版傳媒
长江少年儿童出版社

作者简介

尚阳

著名青少年励志教育专家、家庭教育专家、企业管理与营销专家，杭州尚阳企业管理咨询有限公司董事长，浙江大学创新与发展研究中心研究员，清华、浙大、浙江工业大学 MBA 客座教授。曾荣获中国十大企业咨询专家、中国十大营销策划专家、中国十大企业培训师、中国生产力学会策划专家委员会专家、浙江省社会科学进步奖等荣誉。著有《智慧背后的秘密——“3+1”聚合跃变思维》《娃哈哈密码——中国式经营管理的道、法、术》《营销渠道设计、管理与创新》《品格第一——提升员工执行源动力的九项修炼》《闪亮的新星——大学生创业背后的创商》《你在为谁读书》系列等。

余闲

本名柳伟平，国家二级心理咨询师，中国青少年教育培训研究院研究员，首创“青少年人生规划”理念。浙江大学生物学学士、文学硕士，现任教于中国计量学院，研究方向为教育学、文学。著有《你在为谁读书》系列及《活在珍贵的人间》《我们爱着爱情的什么》等，以天马行空的想象、广博的知识体系著称，洞察青少年教育和心理现状，开创独具特色的教育励志小说，赢得百万读者的一致好评。

内容简介

你在为谁读书？现在似乎很少有人觉得这会是个问题。在新的时代环境下，我们不妨抽时间问一问自己这个问题。本书作者，一位CEO，鉴于自己从平凡到优秀再到卓越的历程，对国内的青少年如何在学生时代就开始培养自己成为卓越者所需的潜能给出了规划和答案。

本书2006年出版以来，畅销一百万册，深受读者好评。这份送给青少年的礼物，使许多读者的人生发生了转折，也让许多家长对自己的孩子重新燃起了希望。此次改版，对书稿内容进行了部分修订，并做成精装本，以期将这份礼物以更精美的形式奉献给读者。

“哎呀，下个星期就要期末考了，得赶快把书温一遍！”

“儿子，这次考试你要是能进前三，暑假我就带你去新加坡。”

“我一定要加油，好好学习，考上清华北大！”

……

读书很苦，读书很累，读书很无味。

读书，哪能跟那紧张刺激、刀光剑影的电脑游戏相提并论？更没有在演唱会门口等候明星、期待签名那样兴致勃勃、扣人心弦。

其实，你大可不必费劲读书，只要完成国家规定的九年义务教育，就尽到了一个合格公民的责任和义务。头悬梁锥刺骨干吗呀？何苦跟自己的身体健康过不去呢？如果你真的这样想、这样做，也不违法。

头脑聪明、思维敏捷、就是不肯用功。是不是跟你很像？杨略也是这样。只是跟一般人比，作为富家子弟，他更有条件怀疑读书的意义，他不知道是在为谁读书，或者说他是简单地为读书而读书。当一件事情变成了被动完成的任务，就很难有趣味产生。于是，他沉迷于“谁在用琵琶弹奏一曲东风破”，他致力于在篮球场上尽情挥洒汗水，他极力逃避即将来临的中考。

直到忽然有一天，他收到了一封寄信人不详的神之又神的来信；更神奇的是，神秘来信每个月初准时翩然而至，且对杨略的一举一动明察秋毫；最神奇最可气的是，杨略居然被来信“修理”得心服口服、五体投地，按照信中的“招式”修炼起来；超级神奇超级令人难以置信的则是，杨略，这个自诩叛逆的少年，修炼之后竟然成了世人眼中的好孩子，考上了重点高中。

如果你想拥有同样精彩的灵魂之旅，那么，翻开这本书，挑战你的悟性！问问你自己：我在为谁读书？

我们再来玩一个“对号入座”的游戏，看看十年后的你在社会这个金字塔中位于哪一层呢？这是本书作者，一位CEO，根据自己多年的奋斗历程和对人世的深刻洞察，将芸芸众生大致分成的四种类型：

第一类是卓越的人，即领袖。这种人具有主动性，在没有被人告知的情况下，却在做着恰当的事情。他是自动自发的，体内有一部发动机。而且，除了完成他分内的事之外，一切有益的、合适的事，他都会孜孜不倦地去做，因为他有理想、有使命感、有顽强的意志和超凡的能力。这种人早晚都会成为卓越的人，他们永远都是领导、领袖的候选人。世界赋予了他巨大的褒奖，这种褒奖不仅有财富，还有荣誉和地位。

第二类是优秀的人。任务只需布置一次，他就会认真地做好，不论有什么困难险阻，不需要任何人再讲第二次，而且下次再做同类事情就不需要别人耳提面命了。这种人仅次于自动自发的人，他们是优秀的执行者，是能“把信送给加西亚”的罗文式人物，是社会急需的人才，他们永远不会失业，是社会上的金领，是公司里出色的部门经理。

第三类是非常普通的人。这类人，事情要别人布置两到三次，提供相应的条件，他才会相应地去做好事。而且做事情的时候，总是磨磨蹭蹭的。这种人与荣誉和财富绝缘，他们只能做普通人，并且永远不会有出人头地的日子。

第四类是永远的“贫困者”。他们处于金字塔的最底层。这种人只有在饥寒交迫、山穷水尽的情况下才会奋斗一把，要背后有人踹他一脚才会出门找食。但一旦有了钱，懒病又会发作。这种人似乎一辈子都在辛苦工作，却又怨天尤人，抱怨老天不公、运气不佳，而老板又如何压榨，却从不知道反省自身的问题。这类人只会遭到漠视，收入当然十分微薄。他们一生中大部分时间都在盼望幸运之神突然降临到自己身上。但是，天下没有免费的午餐。

以你现在的状态为基准，以此坐标系为参考，合上这本书，想象一下十年后的你，确认你的位置。然后问问你自己：我在为谁读书？

目录 MULU

第一章

在对一些中学生的调查中，我们发现，有一半学生的理想还处于小学一年级的水平，有近30%的学生还从未考虑过这个问题，只有20%的学生将考进重点高中、重点大学作为自己的理想。但是没有一个学生对如何实现自己的理想有一个比较科学合理的规划。

这原本是一个普通的夏日午后，少年杨略却开始追忆自己的童年。他站在窗口，像是坐在一列火车上，看窗外许多光阴迎面而来，又倏然而逝，似乎卷走了他，又似乎独独留下了他。

他惊讶了一下，眼前的景物忽然放慢脚步，让他看得分明。水泥马路上照例是焦干滚烫。汽车突突跑过，释放出更多的热量，空气里有种燃烧似的气息。路人很少，仅有的几个也是匆匆地走过，帽檐下眉头紧锁，像是被海浪冲击过的礁石。两边的行道树叶子晒得懒得动了，无精打采地耷拉着。蝉在枝叶间长鸣，将夏日的午后拉扯得格外焦灼漫长。

一成未变的景物。可是真的未变吗？每到夏天，无论何处，都能听见蝉的鸣叫，都能看到树叶的飘摆。如果不刻意去想，我们会以为一直都是它们，处处追随着我们。可事实上它们已经生死相继了若干回。正如我们每天醒来，身体的细胞已经新陈代谢，更换了无数次。

那么我还是以前的我吗？

他仰起头，云片洁白蓬松，轮廓分明，悠闲地浮在苍蓝的天上。这让杨略想起童年仰浮在水面上看到的天空。那是在乡下的奶奶家，村口就是一条小河，岸上柳丝低垂，河里水草随着水流柔摆。农人们都在家里休憩，放任田里的西瓜静静躺着，麦子静静站着。他和伙伴们破坏了小河的宁静，童年肆无忌惮的叫声、笑声，在乡村的田野悠悠回旋。那时的他，一定不知道时隔数年，会被自己从记忆深处捞出，细心回味，品咂再三。那么，再过若干年，在另一个漫长的午后，那时的我，会不会追忆此刻的自己呢？

这一切，似乎都预示着这个午后的不同了。

到底有什么不同呢？看看室内，沙发、茶几、电视机、地毯、壁灯都呆呆站着，一如寻常。只有时钟的声音，咔嚓咔嚓，像一把无形的剪刀将时间剪成碎片，又撒落在不知名处。太安静了。忽然隔壁厨房那边似乎有点响动，吱吱咯咯，他很疑心那里潜伏着一个人。一阵战栗，很多恐怖片的场景在脑中驰过。愣了半晌，他终于壮着胆子，悄然走过去。一无所有，只见窗外的树枝轻轻触着玻璃。从窗口往下望，可以看见一个花园，百花正开得萎靡。

他安了心，知道了自己还是一个人在家。这本是极平常的事情。爸爸是一家公司的老总，平时忙于业务，走南闯北，在家时间很少。妈妈是外科医生，突发手术很多，常常需要加班。他是独生子，家境富裕，爸妈管得又少，难免会有些娇贵任性。而且，他与爸妈缺乏交流，因此性格有些孤僻，眉宇间常常流露出一丝忧郁的神情。

他今年十六岁，下学期就是初三学生了，却没有感觉到升学的压力，一如既往地浑浑噩噩。他面容清秀，身材修长而略显单薄，生性顽皮，活泼好动，对篮球十分痴迷，腿上臂上都是打篮球留下的疤痕。爸爸常说，你要是能把打篮球的劲头用一半在学习上，那重点高中就手到擒来了。确实，他成绩不尽如人意，时好时坏，与他的认真程度成正比，是个典型的脑子聪明而不愿用功的孩子。

暑假里他每天待在房间里，在空调下，除了玩电脑游戏，就是找同学玩耍。开始倒也悠闲，久了就觉无聊。课本已经束之高阁，很久没有去翻看，或许已经积了厚厚的灰尘了。今天自然也是一样。

他走回房间，打开电脑，播放了周杰伦的歌《七里香》，歌声放浪懒散，咬字不清，如同梦呓，似乎真诚，又似乎玩世不恭。配乐像一道河水，水波粼粼起伏，却无大浪涌起。歌手乘一叶扁舟，随波逐流，并不思虑前方的险阻，也并不陶醉于此刻的光阴。周杰伦的歌都是这样，不煽情，不愤青，既不满意于现在，也不希冀有更好的未来。这种歌声倒与杨略的心境有些相符，因此摇头晃脑地应和，顺便也驱赶一下刚才的怯意。

他又走到窗前，趴在窗口看风景，心潮逐渐平息，却觉得找不回刚才如梦似幻的感觉。窗外的景物在他的眼睛里，就像雁影偶尔映于湖水之中，浮光掠影，不留痕迹，再没有那种神魂飘荡的感觉。

我这是怎么了？

邮递员踩着墨绿的自行车过来了。他在楼下停住，取出一摞报纸信件。杨略心想，反正待着也没事，去取份《体坛周报》看看也是好的。他和爸爸都喜欢篮球，《体坛周报》每期必看。而且，回想起来，看体育新闻似乎是他们父子交流的主要方式。父亲总是那样忙碌，回家也是神情严肃，不苟言笑，这让他有些害怕，所以常常躲着他。只有在看球时，一大一小坐在电视机旁，立即成了哥们，大呼小叫，常常忘情，关系异常亲密，分明能感觉到他们身上流着的是同一种鲜血，能够互相应和。不过球赛结束，则恢复了原状，开个玩笑也觉得尴尬。空气自是闷闷的。

有时上街看到别人父子散步时亲密无间的情景，他就觉得十分羡慕。不过他想不出办法来改变现状。

杨略匆匆跑下楼，打开信箱，将几份报纸取出，锁信箱的时候，从报纸间滑落出一封信，啪地落在地上。蓝色的信封，宽宽大大的。他捡起来一看，收信人一栏中，写着"蓝庭小区 8 幢三单元 502 杨略收"，寄信人地址不明，只有一个陌生人的名字：倪甫清。从邮票上盖的邮戳看，是昨天从本市寄出的。

这让他十分意外，因为现在很少有人写信了。而他除了学校里定时寄来的成绩单和入学通知，几乎没有收到过任何信件。

他有些好奇，掂量了一下，鼓鼓囊囊的，里面似乎有一沓纸张。

该不会是宣传单吧？这年头，宣传单铺天盖地，他们家的信箱常常被塞满花里胡哨的印刷品。他不免有些泄气。

他上了楼，顺手把门带上。将身体往沙发上随意一扔，顿时深深陷下去，而后轻轻弹了一下。他把报纸放在一边的茶几上，撕开信封，取出信瓤，是电脑打印的信，足足有十来张。方格字体，整齐精美，还飘出一股油墨香味，似乎是刚打印出来不久。

信中的第一页字体很大，仅仅是几行字：

年轻人，你年方十六，正是初升的太阳，充满着希望。你是要去高远的天空中放射光芒，给人间以无限的温暖，还是仅仅在地平线上优游，不思进取，浪费时光？

他平静下来的心突然颤抖了一下，仿佛一道电流从手中穿过心脏。却又有种快意，似乎久等的物事忽然到来似的。

我要成为什么样的人呢？我现在都做了些什么呢？他忽然又接上了那段童年的回忆。五六岁时，午后大家围坐树下乘凉，大人就问他长大要做什么。“科学家——”脆生生的童音，拖得老长老长。

“略略真乖。”大人爱抚着他的头，一脸笑意。

可现在呢？同学们似乎已经没有人讨论这个问题了。记得一次道德修养课上，老师询问同学们的理想。没有人主动举手回答，最后老师只能点名。点到名的十分腼腆，忸怩半天，挤出几个字，或者是“画家”，或者是“医生”。

而旁边的同学挤眉弄眼，表示不信，似乎谈论理想是很老土的事情。

他的同学余振的回答最酷，他站起来说：“找一份好工作，娶一个爱我的老婆，了此残生。”满座哗然，余振也为自己卖弄了点文采而顾盼自雄，老师再三示意也不能止住。也许好多人真的是这种想法呢。

可是我们真的不需要理想了吗？我真的甘心一事无成，了此残生吗？如果真的是这样，我们在世界上生活，到底有什么意义呢？

杨略觉得自己从漫长的睡眠当中苏醒过来，观看身边的事物，突然觉得有些不同。尽管沙发还是原来的沙发，茶几、电视机、地毯、壁灯，也还都是原来的样子。但是他却觉得其中有个神秘的暗示，丝丝缕缕的，浮浮荡荡的，牵着他的心灵。他突然悔恨起自己浪费的许多光阴来，心中一阵茫然。只有时钟的声音，咔嚓咔嚓，又将许多时间剪成碎片。

他突然想起了以前爸爸买给他的一本书——《苏菲的世界》。书中十四岁的少女苏菲某天放学回家，发现了一封神秘的信，里面有几个问题："你是谁？""世界从哪里来？"就这样在某个神秘导师的指引下，苏菲开始思索从古希腊到康德，从齐克果到弗洛伊德等各位大师思考的问题。她进入了一个奇妙的世界，她用少女的悟性和后天的知识，企图解开世界这个大谜团。

当时，他也是十四岁，刚刚开始喜欢上看书。苏菲总是在花园中的一个密洞里看神秘的来信，而自己房前虽然也有花园，但草木稀疏，路人很多，根本没有灌木交缠的地方。但他有通往楼顶的钥匙。有一次他走到顶楼，看到是管理员一时疏忽，将钥匙留在门上。他兴冲冲地去配了一把，从此一有心情郁闷的时候，就独自来到楼顶。

楼顶覆着青瓦，呈人字形，与奶奶家老屋相似，据说这样可防雨水渗漏，而且通风凉爽。青瓦前面还有一带水泥平地，宽约两米，通往楼顶一侧的水塔。顺着铁梯爬上水塔，塔上是窄窄的平地，杨略常常在上面扶着栏杆，俯瞰脚下的城市，看市民如蝼蚁般往来奔波。有时也枕着手臂躺下，遥望远山，遥望蓝天，心中平静，却无端地会产生一些怅惘。

水塔下面也有遮阳处，风毫无阻拦地刮过来，即使夏天，也是个极清凉的去处，适合乘凉或看书。那天他坐在屋顶上，整整一个下午，他捧着那本书读得如饥似渴。尽管书中讲述的哲学内容，他未必都能全然明白，但却为苏菲的奇遇而神往不已。他现在还清晰地记得，看完一百页的时候，他略作休息，偶尔抬头，不知不觉太阳已经西沉了。晚风吹拂，天边的云朵一片醉红，或如奔马，或如雄狮，形态各异。他神清气爽，像是第一次看到世界。

想到这里，他心中漾起一阵兴奋：难道我也有这种奇遇啦？胸口有一种快乐爆炸开来，溅到四处，到处都是明晃晃的，新崭崭的。

他悄悄走到顶楼，躲在阴凉处取信来看。

亲爱的杨略：

见字如面。

收到这封信的时候，你可能会觉得很意外。其实你无须惊讶。因为世界每天都给我们无数的启示，而我的信或许也是其中之一。但是大多数人熟视无睹，匆匆地走自己的路，并且年纪越大，对这种启示越是麻木。等到年华老去，才发觉一事无成，于是后悔莫及。这是很悲哀的事情。

有位哲人说过："音乐只对真正具有音乐耳朵的人开放。"而我的信也只对有悟性的心灵开放。你拥有这样的心灵吗？

看到这里，如果你觉得枯燥无聊，那么请你把信扔到一边，我也不会怪你，因为并不是每个人都希望有个老师在耳边聒噪。

如果你觉得心灵受到了震撼，那么，请你接着往下读。

·对于盲目的船来说，所有风向都是逆风·

"我们的生活就像旅行，理想是导游者；没有导游者，一切都会停止，目标会丧失，力量也会化为乌有。"这是德国诗人歌德的名言，数十年前便印在我脑海之中，一直鞭策着我从一个默默无闻的小后生，逐渐成长为别人眼中的事业有成者。如今，我不经意间已经步入了中年，站在人生旅程的中途，重新来回味这句话，回首那些峥嵘岁月，不免有了更多的感触。

杨略，如果你不甘心一辈子碌碌无为，你希望明白自己究竟在为谁读书，并且希望出类拔萃，在各方面成为同龄人的榜样，在以后的工作中出人头地，那么，趁着年轻，树立你远大的理想吧，因为它能带领你走出平庸，走向辉煌。

赫伯特说："对于盲目的船来说，所有风向都是逆风。"可对许多人来说，比起选择随波逐流的游弋式生活，设定一个目标是一件痛苦的事，所以他们一直迷茫地走在没有目的地的道路上。因为迷茫，他们感到了空虚，于是他们利用所有的时间来追求享乐，参加对己对人都无益的活动，在嬉笑怒骂中填补自己内心的空虚。他们就像一群毛毛虫，不停地绕着同一个圈子，他们的结局并不比开初时好。

漫无目的的游弋或许就是一种消遣方式，但是只能占用几天的假期，而不能用来耗尽整个人生。我国正处于建设市场经济的过程之中，不少青年，不论是处于困境中的还是事业得到成功的，都感觉到前途渺茫，要追问人生的意义。

曾经在贾樟柯执导的影片《任逍遥》中，看到这样一个场景：一位年方十九岁的少年，瘦削苍白，未老先衰，他没有工作，每日只是在山西一个小城中无聊地游荡。一天他面无表情地对同伴说："人活到三十岁就够了，活那么长干吗？"他的话令我震惊不已：如此大好年华，居然说出这样绝望的话来。这当然与残酷的现实分不开，可是有那么多人从这样的小城中出人头地，实现了自己的人生价值。所以唯一的解释就是，他在生活中找不到方向，他迷失在人生的旅途中。上天永远庇佑那些自立的人。

> **知识点链接：**
>
> 贾樟柯，独立电影导演，被誉为"亚洲独立电影闪电般耀眼的希望之光"。主要作品有《任逍遥》《站台》《小武》。是柏林国际电影节、威尼斯电影节的常客。《任逍遥》讲述的是两个少年的生活，失业，无聊，缺乏激情，最终荒诞地去抢银行。

由此可见，理想对于我们的人生来说是多么重要，而对于十六岁的年轻人来说更是如此。你们是一艘艘稚嫩的小船，刚刚驶出父母温暖的港湾，船上的水手都是初次出海。大风大浪也许不能让你们惊惧，因为风浪的磨炼能赋予你们铁黑的肌腱、坚强的性格，但若是没有理想，没有目标，那么，生命的小船只能在浩渺无边的瀚海上彷徨回旋，找不到出路，终不免缺水断粮，甚至触礁沉没。

可是在对一些中学生的调查中，我们发

现，有一半学生的理想还处于小学一年级的水平，有近30%的学生还从未考虑过这个问题，只有20%的学生将考进重点高中、重点大学作为自己的理想。但是没有一个学生对如何实现自己的理想有一个比较科学合理的规划。初二的学生中，把考入重点高中作为自己理想的人数明显增加了，但这时的学生更多的是流于语言，在行动上有所作为的只占40%左右。初三时，也正是绝大多数学生十六岁的时候，随着升学考试的临近，更多的学生开始为理想的学校努力。这是个很好的状况，但是我们悲哀地发现：真正有伟大志向的学生却是极个别的。当然，这是社会思潮决定的，可是我们的学生不应该自己引领潮流，做时代的弄潮儿吗？

请看毛泽东十六岁时是怎么想怎么做的：

1910年，毛泽东刚好十六岁，他的父亲毛顺生要他去做生意，毛泽东却立志走出韶山冲继续求学。经过自己的力争和亲友、老师们的一致劝说，父亲才答应他的要求。在离家赴湘乡县立东山高等小学求学前夕，毛泽东提笔写了一首《赠父诗》，夹在父亲每天必看的账簿里。这就是：

"孩儿立志出乡关，学不成名誓不还。

埋骨何须桑梓地，人生无处不青山。"

这首诗是少年毛泽东走出乡关、奔向外面世界的宣言书，表明了他胸怀天下、志在四方的远大抱负。

在东山小学就读期间，先生令学生吟诗抒怀，毛泽东写了一首《咏蛙》诗：

"独坐池塘为虎踞，绿杨树下养精神。

春来我不先开口，哪个虫儿敢作声。"

这首诗是大家所熟知的，诗中描绘了青蛙威武轩昂的形象，以蛙设喻，抒发毛泽东人小志大、藐视天下的气概和胆略，令人振奋。

由此可见，毛泽东成为一代伟人，正是因为他从小立下的志向，一直推动着他不甘心沉湎于庸俗。后来，他成功了。他的伟业永载史册。也许他的功过还要留给后人细细评说，但对于个人而言，他的人生是无比壮丽的。

也许你会说毛泽东这样的伟人天赋异禀，才能超群，我们这些凡人如何与他相比？其实，我们每个人都是杰出的，我们的大脑中都有150亿至200亿个智能细胞，它们是无比巨大的宝藏，只要充分发挥这些脑细胞的功能，将它们的潜能汇聚在一起，那它们将会迸发出惊人的能量，我们的人生将会是多么辉煌。

所以，我们每个人都不应该妄自菲薄，因为我们的未来都无可限量。可是为什么芸芸众生之中，成功者仅仅是1%，甚至不到1%呢？原因是大多数人只是在人世中沉浮，得过且过，将原本壮丽的生命消耗在"东家长，西家短，三条腿的蛤蟆跳得远"这类繁琐小事之中。

王小波曾经说过："生活在不可避免地走向庸俗。"许多人为这句话而触动，满心愧疚却默默赞同。

但我却要像北岛那样大声疾呼："我——不——相——信！"

我不相信生活是沼泽，我不相信生命旅途不能一路高歌！我不相信成长是堕落，我不相信双手握不紧执著的绳索！

是的，没有人愿意碌碌无为，大家都想摆脱庸俗。那么，让我们好好利用理想这个生命的罗盘，指引我们的生命之舟驶向辉煌的彼岸。

杨略，你还在看吗？也许你该休息一下了。

知识点链接：

王小波，一代著名作家，生前鲜为人知，身后声名广播。出版作品有《黄金时代》《白银时代》《青铜时代》《我的精神家园》等。言语幽默，内涵深刻，被誉为"一位自由撰稿人，一位行吟诗人，一位自由思想家，一个顽童、骑士，一个崇尚理性、自由和富于奇思异想的人"。

北岛，中国当代著名诗人。诗歌《回答》节选："告诉你吧，世界/我——不——相——信/纵使你脚下有一千名挑战者/那就把我算作第一千零一名　我不相信天是蓝的/我不相信雷的回声/我不相信梦是假的/我不相信死无报应"。

杨略看得心潮澎湃,哪里肯休息?他翻到了下面的一页:

·你想成为什么样的人,你将成为那样的人·

杨略,通过上面的几页信纸,你应当认识到了理想的重要。可是这毕竟有些空泛,可能让你热血沸腾,觉得在自己的一生中,应该做些事情。可是等到冷静下来之后,却觉得无从下手,甚至不知道如何树立自己的理想。

那么别着急,我先给你讲个刘邦的故事。

不过在讲刘邦之前,我们不妨先说说陈涉。陈涉就是陈胜吴广起义里的陈胜。他从小就是个农民,天天面朝黄土背朝天。秦朝那会儿,地主们才有资格去当官,而农民除非去当兵,不然绝对没有出人头地的机会。陈涉不大服气,觉得地主有许多草包,而贱民中自有俊杰。他胸中深藏着远大的抱负。

一次他受雇耕作,雇主催逼得很急。陈涉愤愤不平,休息时走到田塍上,对着一起劳作的兄弟们说:"如果我们当中有谁以后大富大贵,可不要把兄弟们忘记了!"

兄弟们都笑话他:"你不过是雇农而已,哪来的富贵?"

陈涉长叹一声:"燕雀安知鸿鹄之志?"

是啊,鸿鹄志向在于蓝天,岂是那些在矮树低墙之间扑腾,每天只求温饱的麻雀们所能理解?后来陈涉在大泽乡揭竿而起,虽然有天时地利之便,但若是没有年少时候的壮志,想来也不敢挺身而出的。

当然,我最想说的还是汉高祖刘邦。为什么我要格外提他呢?因为陈涉做了楚王之后,目光短浅,没有什么更大的作为。而刘邦则不然,他少年时虽类似于一个无赖,后来当上亭长,官品低微,人品似乎也不为人所称道。可是随着理想的建立,他的思想境界日益提高。他人生理想的真正确立,是从他看到秦始皇出行的那一刻开始的。《史记》中记载:"高祖尝游咸阳,观秦皇帝,喟然太息曰:'嗟乎,大丈夫当如此也!'"刘邦的志向果然不小，他就是要做一个顶天立地的"大丈夫"，而且在他的思维模式之中，"大丈夫"就等于是皇帝。这对于身为草芥小民的刘邦来说，的确可以说是惊人之语，狂妄之想了。但是，正是这个理想，让他不再满足于小小的亭长一职，他整个人焕然一新，开始了百折不挠的奋斗。"志高则品高，志下则品下。"在数十年艰苦卓绝的南征北战中，他充分运用了自己的人格魅力，麾下会集了一大帮谋士勇将，屡败屡战，终于灭秦平楚，为解救黎民于秦朝的酷刑苛政、秦亡后纷飞的战火立下汗马功劳。而他开创的大汉朝，对于国家的昌盛，人民的温饱，更是功勋卓越的。

他的创业途中还有这样一个小插曲。刘邦攻入咸阳后，在皇宫的温柔富贵乡之中陶然忘返。这时张良提醒他："你的志向仅限于这些吗？"刘邦猛然惊醒：自己要是贪恋这里的富贵，那就很可能成为各路豪杰的众矢之的。于是他及时离开咸阳，驻军灞上，使自己脱离险境。这正验证了高尔基的一句话："一个人追求的目标越高，他的才力就发展得越快，对社会也就越有益。"

从这个例子我们可以看出，远大的理想，造就伟大的人物。试想当年刘邦若是继续满足于亭长的位置，每日除了按部就班地完成不多的公事，便是与贩夫走卒之徒吃酒赌钱，偶尔出公差还能去咸阳见识见识，回来给乡邻们炫耀一番自己的博大见闻。虽然这种生活未必不开心，很多人都是这样过一辈子的。但若是真的这样，他将和无数凡人一样被历史的车轮碾碎，又被历史的巨风吹散，不留半点痕迹了。

从刘邦身上，我们可以这样说：你想成为什么样的人，你将成为那样的人。因为你有了理想，就会不自觉地向实现这个愿望的方向靠近。盲人心中的世界局限于他的触觉，局限于他每日摸索过的狭小的空间；文盲的

知识点链接：

高尔基，俄国大文学家。主要作品有自传体长篇小说三部曲《童年》《在人间》《我的大学》，著名散文诗《海燕之歌》。尤为值得一提的是他的散文集《不合时宜的思想》，从中可以看出他的铮铮铁骨。

世界局限于他的点滴知识，局限于他自己的生活经验；而对于一个伟人来说，他们的远见有多么卓越，他的世界就有多大。

同样，你的心胸有多开阔，你的理想有多宏伟，那么，你的天地就相应有多开阔。一个人拥有什么并不重要，重要的是他想要获得什么，用什么方法去获得。

我们都有这样的体会：体育课上跑步，当老师说今天测试 800 米。那么等我们跑出起点，开始时还觉得身轻如燕，等跑到 700 米的时候便觉得精疲力竭，下面 100 米只能说是撑过去的。可今天若是 1000 米测试呢？我们的目光肯定是盯牢 1000 米的终点的，当我们跑过 700 米线的时候，肯定不会有精疲力竭的感觉，因为我们的目标不在这里，它在远处召唤着我们前往。

人都是有惰性的，只有远大的目标才能将这种惰性尽可能多地驱逐出我们的身体，让我们的潜能发挥出来。我很喜欢这句话："如果你的目标是月球，那么你就不会羡慕雄鹰。"是的，雄鹰在普通人眼中是令人艳羡的，因为它能展翅高翔，俯瞰世界。可是，当我们的目标是遥远的月球时，我们还会羡慕雄鹰这么点高度吗？

况且，崇高的志向除了指明方向，增大潜能之外，还有很多附带的好处。

第一，一个人的理想越是崇高，生活越是纯洁。初一看，这句话有些令人费解，可是仔细一琢磨，却觉得大有深意。因为当我们坚定了崇高的目标，并为之付出不懈的努力，我们还会再为身边的烦琐小事情所困扰吗？我们还会对街头巷尾的传闻津津乐道？很多人走向堕落都是因为胸无大志，生活十分无聊，于是就去寻找刺激，最终慢慢步入歧途。

艺术家们往往不修边幅，不拘小节，乱发不理，长须不剃。这是因为他们醉心于自己的艺术世界，向着自己理想中的艺术境界奋力前进。可是偏有许多人认为乱发长须是艺术家的标志，于是东施效颦，不免贻笑大方了。因为他们只学了艺术家的形，而不知道艺术家的神——那颗崇高执著的心灵。同样在十六岁的年轻人身上，他们往往对歌星、影星、球星等成功人士非常崇拜，但他们只是羡慕他们今日的成就，而并不了解这些成功人士的创业过程。如果让他们全面地了解一个成功人士的成长历程，特别是他崇拜的偶像，他们将会有很大的启发。

第二，有崇高理想的人永远不会孤独。有的时候，当你有崇高的理想，但别人不一定能理解你。这个人可能是你的至亲好友。他们认为你的理想一钱不值，你的努力也等于是白费。于是你会觉得众叛亲离、"曲高和寡"。但是此刻，你的理想在你的心中燃烧着熊熊烈火，温暖着你，照耀着你。你也许是孤单的，但你绝不是孤独的。即使独自伴着孤灯，窗外虫鸣凄清，你也会觉得充实温暖，你能从黑暗中看到曙光的降临。

苏秦游说秦国，结果提议不被采纳，一身破烂地回到家中。他的亲人们对他是那样的不屑一顾，认为他是个窝囊废，连他的妻子也鄙夷他。尽管尝到了世态炎凉，但苏秦并未丧失理想。做了短暂的休整，他重新踏上征程。这次，他的目标是六国。经过不懈的努力，他将自己的才智发挥得淋漓尽致，终于以合纵之策得到了六国的重用，一个人挂了六国相印，名重一时。当他衣锦还乡，他的家人终于信服他是一个奇才。

知识点链接：

合纵连横，战国时弱国联合进攻强国，称为合纵；随从强国去进攻其他弱国，称为连横。战国后期，秦国最大，合纵就指齐、楚、燕、赵、韩、魏等国联合抗秦，此法为苏秦所提倡，但因六国彼此利害不同，秦人又加以挑拨，合纵仅偶尔出现，随即瓦解。连横就指这些国家中的某几国跟从秦国进攻其他国家，如此不但六国不能团结一致，且可造成彼此的内讧。

第三，目标能赋予平常的生活更深远的意义。

我认识一个学生，他是学文学的，不过他除了学习自己的专业课程之外，还尝试着各种工作。我觉得奇怪，问他为什么这么做，不怕浪费时间吗？

他回答说："我现在准备写一篇小说，主要是描写身边的现实。所以我必须四处收集资料，体验各种各样的生活。这样一来，什么工作都让我觉得意趣盎然。当我帮爸爸下地锄草，以前我觉得头顶烈日是多么痛苦的事情，可现在我一边干活，一边观察着周围的环境，记录内心真实的感受，我觉得特别充实。从事其他工作也是一样。”

我能理解他的感受，因为一个更远大的理想在吸引着他，所以他手头的工作也就显得更有意义。

虽然我们未必都想写小说，但如果你心中有了理想，你做的每件事情都在为自己的理想添砖加瓦。当你处在这样的状态当中，你难道不觉得自己的学习十分有趣，十分有意义吗？

杨略，也许你刚才没有休息。不过现在你一定要休息一下了，毕竟，对于励志而言，心潮澎湃确实是很重要的。这就像点燃一根蜡烛，必须用火柴一下子将温度达到蜡的燃烧点以上；不过要想让蜡烛持续燃烧，就要把火柴移开，不然蜡烛会迅速融化。同样，你现在也需要冷静下来，用上面的人物事迹对照一下自己，找出自己的缺漏，这样才能得到进步。

好了，你现在出去走走吧。到楼下的花园里去呼吸一下新鲜的空气，顺便放松一下自己。要知道，持续激动，是很消耗体力的。

杨略心里觉得有些奇怪，他怎么知道我的楼下有花园？他到底是谁呢？不过无论他是谁，都是值得信任的。于是杨略将信仔细地折好，放进信封里，携带着它走到楼下。

这是两座楼之间的花园，四周是修剪整齐的黄杨树，像低矮的城墙一样护住一片草坪，中间有一条卵石小径蜿蜒地穿过。杨略沿着小径走进去，两边都是草地，一些不知名的花朵正在开放。草坪中央是个喷水池，边上有几株高大的雪松。池中有个小岛，上面有一座假山，栽着槭树和小松树，树与树之间流下洁白的泉水，淙淙地注入池中。池子里正开放着粉红的莲花，在碧绿的叶片间亭亭玉立。

他坐在池边的长椅上，在一棵雪松的浓阴下，他觉得心里逐渐平静下来。他又抽出信纸，接着往下看：

·把你的精神集中在十分钟内的距离·

杨略，欢迎回来。刚才我们谈到远大理想的好处，可是人生需要策略。光有一个远大理想是不够的，我们还需要知道如何实现它。我们越来越务实了，这很好。毕竟，成长不能靠口号，更需要脚踏实地地前进。

歌德曾经说过："向着某一天终能达到的那个终极目标迈步还不够，还要把每一步骤看成目标，使它作为步骤而起作用。"

我们需要有远大的理想，但也要量力而行，否则，太高的目标只能成为海市蜃楼。而且，真正远大的理想也不可能一蹴而就，目光远大的人应当把自己大理想分解成若干个具体的小理想。然后是通过努力，一步一个脚印，踏实前进，在此过程中，不断增强自信，进行自我激励，慢慢地走向成功。

有的学生在阅读名人传记中受了触动，觉得不能平庸地度过一生，立志要有所作为，要成为作家、医学家之类的。开始几天还觉得热血沸腾，斗志昂扬，可是努力一段日子后，却觉得老虎吃天，无从下口，而理想依旧可望而不可即。然后就渐渐觉得疲惫，甚至开始怀疑自己的能力：我是那块材料吗？懈怠的心理随之而来，觉得身边的同学上课不用心，下课聊聊电视，侃侃明星，日子平平淡淡，倒也滋润得很，我活得那么累又是何苦呢？于是，理想被丢弃在脑后，沉湎于得过且过的状态。有时看别人成绩突飞猛进，左右逢源，心中也不免有些酸溜溜，但随即又自嘲："我不是那块材料……"

我们静下心来考虑一下，这些人并不缺乏崇高的理想，也为崇高的理想作出过努力。可他最后还是沉沦于庸俗了，并没有获得成功。问题出在哪里呢？

其实原因很简单，他没有制定自己向理想迈进的步骤。如果把大目标分解成具体的小目标，分阶段地逐一实现，我们可以尝到成大事者的喜悦，继而产生更大的动力去实现下一阶段的目标。我们的生命需要有经常的滋润，就像机器需要经常添加润滑剂一样，我们在向理想努力的过程中，要经常让自己笑一笑。每一个阶段都胜利完成了，最后远大的理想也就实现了。

小杨是个很有才华的年轻人，刚刚从学校毕业出来，理想远大，热情开朗，很得同事喜爱。可是他却不大注重平时的工作，每日只是空谈理想，抱怨自己手中的工作："如此枯燥、单调的工作，与我的理想相去太远。"一心去成就实现自己的理想吧，又觉理想太大，没有什么把握。到后来，他渐渐丧失了锐气，不仅轻视自己的工作，甚至厌倦自己的生活。"什么理想啊，其实都是虚幻的。别人没有理想不也照样生活得滋润？"他这样想。于是每日不修边幅，工作上敷衍了事。

一天他在街上闲逛，碰到大学里的江老师。在学校里，江老师很欣赏小杨的个性，曾不断地鼓励他。看他生活清苦，还时常从工资中拿出部分钱来周济他。两人关系非常之好。

"很忙吗？"他问小杨。

"唔……"小杨含糊地回答了他。他想他看出了自己的际遇。

"今天是我的生日，跟我一同去我家好不好？"

"好的。我们坐什么车去？"

"走着去。"他笑着说。

"可从这里到你家坐车也要半个多小时啊。"

"哪里，只要十分钟就走到了。"

"……"小杨不解，难道老师搬家了。

"是的，我说的是建国路的工商银行。"

这话有些答非所问。但小杨还是顺从地跟着他走了。他信任江老师。

"现在，"到达工商银行时，江老师说，"只有十分钟就到剧院了。那里海报做得十分漂亮。"

不多一会，他们到了市剧院。

……

“现在，只有十分钟就到动物园了。”

又走了二十分钟，他们在江老师家的楼前停了下来。奇怪得很，小杨虽然走了近一个小时，却并不觉得怎么疲惫。

江老师给他解释为什么不疲惫的原因。

“今天所走的路，你可以常常记在心里。这是生活艺术的一个教训。你与你的目标无论有多遥远的距离，都不要担心。把你的精神集中在十分钟内的距离，别让那遥远的未来令你烦闷。”

将“精神集中在十分钟内的距离”，多么睿智的解释。然而这也是我们目前最缺乏的。我们往往将目标着眼于大处，而常常忽略了小的问题。一座建筑是由一砖一瓦砌成的，每一砖一瓦本身显得并不怎么重要。但是缺少了它们，高楼如何建起？同样的道理，成功者的一生都是由无数个看上去微不足道的小方面构成的。

著名作家埃里克说：“当我放弃我的工作而打算写一本二十五万字的书时，我从不让我过多地考虑整个写作计划涉及的繁重劳动和巨大牺牲。我想的只是下一段，不是下一页，更不是下一章去如何写。整整六个月，我除了一段一段地开始外，我没有想过其他方法。结果，书写成了。”

是啊，达到任何目标都需要一步一个脚印，循序渐进。对于学生来说，要想提高成绩，每一篇课文，每一道习题，都是迈向成功的台阶。教师的每一节课，科学家的每一个试验，公司经理的每一个会议，都是向成功迈进的一个机会。

我们常常只看到很多明星的飞黄腾达，比如刘德华、梁朝伟等等，但是往往忽略他们成功途中的跋涉。仔细研究他们的历史，我们会发现，他们都是扎扎实实走过来的，而绝不是一股盲目的热情所促成的。刘德华对事业的执著竟能让每个认识他的人动容。当然，我们的社会中也会偶尔冒出几个平步青云的人，但是他们没有牢靠的基础，稍稍起些风浪，他们就会像以前轻易得到荣誉一样，轻易地失去手中的一切。

这是一个风云激荡的年代，这是一个机会频生的时代，这是一个人人都渴望成功的时代，要想在这个时代成就一番事业，就必须在理想的召唤下，制定近期与长期的目标，一步一个脚印，踏踏实实地走向成功。

今天的信先写到这里。因为我自己的工作也比较忙，所以只能不定期地给你写信。不过我会尽量争取在每个月一日的下午，让你的信箱里出现我的信。希望我的信能对你的人生起到一定的作用。

祝你学习进步。

你的大朋友　倪甫清

7 月 30 日

杨略回到房间，又把信从头到尾看了一遍，只觉全信热情洋溢，文字优美，似是智者站在他面前娓娓而谈，又像一位将军在阵前激励战士的士气。落款处的姓名“倪甫清”，也透露出丰神飘洒、气度儒雅的韵味。

他向窗外望了望，外面的夕阳又在渐渐下沉，像两年前的那个下午一样，天边一片通红，城市的楼房、街道、汽车，都闪烁着红光。他的心里同样亮堂堂的。这封信似乎在他心灵中注入了一种东西，让他觉得满满的，就像一个在沼泽地带的树林里走了很久的人，突然眼前豁然开朗，一片林间空地在他面前展开。语言在此苍白无力，他只能满腔幸福地跑遍这片土地。

他听见热血涌动的潮汐般的声响，对身边的动静充耳不闻，以至于敲门声持续了好久，他才听见。

开门，妈妈站在外面。妈妈今年四十出头，不过保养得当，皮肤白净，穿着端庄，看上去只有三十来岁。

“略略，你在里面干什么？”

“没干什么。”他觉得应该保守自己的秘密，这样才有意思。

妈妈往房间里扫了一眼，电脑关着，床上也很整齐，与平时不大一样，眼神中就流露出淡淡的疑惑。

他怕自己的秘密被发现，就推着妈妈出去，口中说道：“妈妈，今天有什么好吃的？我都饿了。”最后一句倒是实情。

妈妈今天晚上没有加班，特地去菜市场买了些菜，准备给儿子做些好吃的。吃饭的时候，妈妈好像突然想了什么事，离开餐桌，从包里取出一件东西。

“略略，这里还有一封你的信。”妈妈手中拿着一个白色的大信封。

杨略觉得奇怪，今天不是已经收到一封了吗？怎么还有？

他接过信封，落款处也是“倪甫清”，心中一阵激动：他不是说一个月给我一封信的吗？

妈妈问：“这个倪甫清是谁？”

杨略回答：“是我的老师。”他确实把倪甫清当做老师了。

妈妈没有多问什么，她向来给儿子足够的自由。

晚上他顾不上看电视，洗完澡就到自己房间里去了，打开橘黄的台灯，于是温暖的光亮就充盈了整个房间。

打开信封，里面有许多方框。

杨略：

我们又见面了。如果不出意外，你应该看完我给你的信了，如果你现在还觉得十分激动，这非常好。不过我们必须防止这样的事情发生：初看时热血沸腾，事后一切平静如故。所以，我格外设计了几道训练题，让你巩固以上所学。

·趣味测试&魔鬼训练之理想篇·

[训练题一]人生要有目标：理想要崇高，目标要远大。

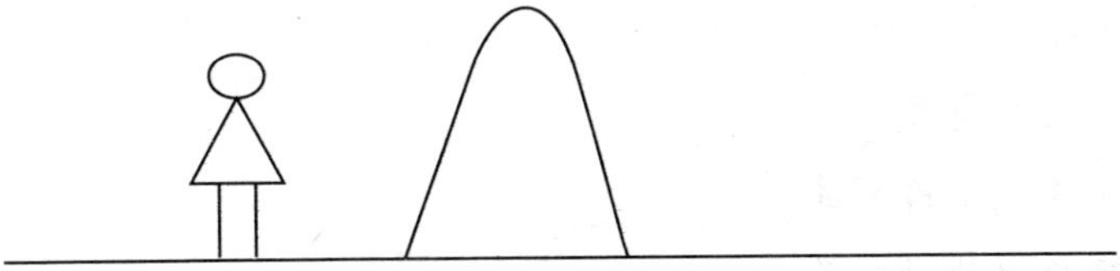

图一：在人生的道路上，我们会遇到困难、挫折、痛苦、沮丧……这些都是人生的障碍，这时候，我们就会很茫然，对生活失去信心。

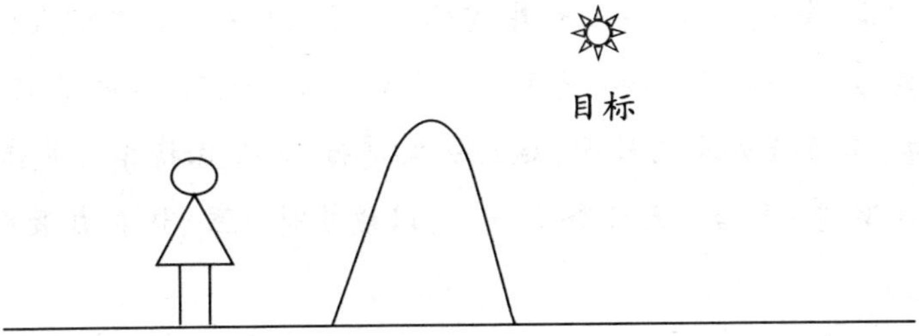

图二：如果心中有理想有目标，哪怕遇到障碍，也不会迷失人生的方向，你才会鼓起勇气，越过障碍，去达到你的理想和目标。

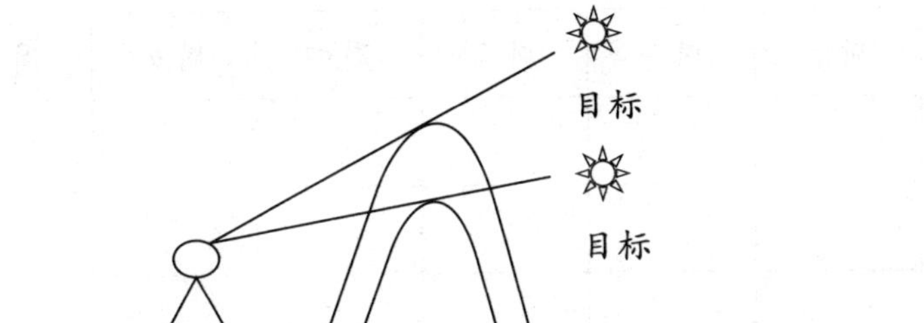

图三：心中想得着目标与眼睛看得见目标给你的动力是不一样的。目标越清晰，给我们的动力越大，如果你的理想足够远大，那么，哪怕障碍再大，也不会磨灭你心中的向往。

你该如何看待你的人生，如何确立你的理想和人生目标呢？

1. 你的人生目标是________________

2. 你想象得到的障碍是________________

3. 你克服障碍的对策是________________

[训练题二]目标计划行动表:有了目标,请把它细分。(你可以自己制作一份每周学习计划表,把一周要完成的目标任务列出来。然后再制作每日学习计划表,每天一份,早上到教室时,就写上当天任务与完成时间,放在醒目的地方。每做完一项,就画上一个√,到了晚上,再检查任务完成情况。注意,学习任务要与娱乐、运动交叉进行,以便保持学习热情。任务安排要循序渐进,开始几天任务少一点,以便及时完成,培养自豪感,而后逐渐增加。)

每周学习计划表

姓名:　　　　　　　　　　　　年　　月　　日

学习项目	周一	周二	周三	周四	周五	周六
语文						
英语						
数学						
科学						
历史						
其他						

每日学习计划表

姓名:　　　　　　　　　　　　年　　月　　日

项目	今天安排	完成时间
科目一:语文		
科目二:英语		
科目三:数学		
科目四:科学		
科目五:历史		
娱乐		
运动		

另外,你也可以相应地制定月份计划,还有学期计划,年度计划,将你的理想划分为细节,然后一步步付诸实践。

好了,杨略,你完成以上的训练题了吗?如果完成了,你接下来就付诸实践吧,愿望再完美,不履行就等于是空谈。我知道你是个有理想的孩子,你也会用自己的行动去接近它,对吗?

愿你有个充实愉快的暑假。我们九月再见。

你的大朋友　倪甫清

7月30日

他在人生目标一栏中填上了“作家”二字。在他心目中,名垂千古的作家,都有一颗纯净善良的心,他们滋润了一代代人的心灵,比如李白的诗歌至今让人神采飞扬，陶醉不已；杜甫的诗歌中流露出的博大的心胸，至今让人为之动容。文学永远是最高尚的事业，比政治、军事都要伟大，因为后两者往往被一些心怀不轨者利用，给世界带来了深重的灾难。

但是要实现这个目标，前方的困难很多，但是那些大作家不都是一步步成长起来的吗？他相信自己也能像他们一样。

杨略填完训练题，觉得有些累了。于是躺倒在床上，内心觉得十分充实。窗外透进淡淡的月光。他关上了台灯，这才发现月光如此明亮，像水一般铺在房间里。树枝的疏影在其中柔柔波动，像是微风乍起，吹皱了一池春水。沿着月光往上看，一轮明镜般的满月挂在空中，空中青碧如一片海，略有些浮云，而满月像一只洁白的天鹅，在海水中静静游弋。

这轮明月，应该照过历史长河中的无数英豪，它一定还记得他们的名字。苏秦在月下寒窗中，不顾旁人讥讽，一味苦读；刘邦在月光中面迎长风，壮怀激烈；李白看着床前的月光，想起了遥远的故土；岳飞在月夜中，独自上了翠微山，抒发爱国情怀；辛弃疾在月下挑灯看剑，梦回吹角连营……

以后，这轮满月会记得我的名字吗？后人对着同样的明月，会想起从前有个叫杨略的人吗？

第二章

坚持不懈不是永远守着一件事情不放，而是全心全意做好眼前的事，向自己的理想逐步靠近。先求耕耘，再问收获。天才不一定能成功，最聪明的人也未必就能得到幸福。生命就像是一篇文章，结尾处有些人用的是句号，有些人用的是惊叹号，也有些人以问号来结束。

9月1日，新学期开学的第一天。杨略到了学校，时间还很早，他独自在校园里逛逛。这是一个明媚清新的早晨，细小的云片在浅蓝明净的天空里泛起小小的白浪，朝日还没有在上面抹上红光。学校后面的小山蒙着淡淡的白雾。校园里树木林立，草地如茵，晶莹的露珠从草茎和树叶上露出脑袋。教学楼、办公楼、图书馆、科学楼在随着朝阳的升起，逐渐醒过来，瓷砖反射着晨晖，光彩夺目。

他似乎第一次发现校园是如此美丽，以前他光把学校当成囚笼，而自己成了“囚团”了。关于“囚团”这个词，还有一个有趣的典故。他们学校的教学楼有三幢，每幢之间有一块草坪，设计师在草坪中铺了卵石小径，纵横交错，各构成“人”、“才”两个字。一天，杨略趴在窗口往下看，突然眼前一亮：草坪的周围是水泥路，将两个字围在中间，“人”“才”岂不成了“囚”“团”？囚团，囚犯集团军，不正是自己目前的处境吗？杨略立刻大呼小叫，引得同学们纷纷侧目，一听都有同感，嬉笑怒骂了一遍。

可是如今回想起来，却觉得有些可笑。自己为什么对学校深恶痛绝？还不是因为自己的成绩不好，每次考试都让自己抬不起头来吗？还不是因为抬不起头，所以对学习缺乏信心吗？还不是因为没有信心，而致自暴自弃，光阴虚度吗？这样就像多米诺骨牌一样，一倒皆倒。想起小学时，每次考试前都乐不可支，上学路上会情不自禁地蹦蹦跳跳。因为那时成绩总是全班第一的，老师赞扬，同学羡慕，爸妈夸奖，真是春风得意。在这种情况下，他怎么能不喜欢上考试呢？

关键问题出在自己身上。

回到教室时，同学们已经到了将近一半，其他同学也陆续从这个城市的各个角落涌到这里。教室随着阳光的逐渐强烈而热闹了起来。

与同学几个月没见，话题自然很多，两人一组，三人一群，谈笑风生。暑假看了什么电影，去哪个风景区游玩了，或者是交流游戏心得，一时聊得不可开交。教室里充满了活泼的空气。

不过繁华之极，终归于平淡，同学们把该说的说得差不多时，一个很现实的问题就横亘在面前。

余振率先哀叹："光顾着玩了，作业才写了一半呢。"他暑假去舟山海边外婆家住了两个月，皮肤原本就黝黑，这下更是黑滑发亮得像条墨鱼。他外号"大头"，现在他把大大的脑袋晃荡得像个拨浪鼓，显得颇为滑稽。

凌霄借口说："你还写了一半，老孙是一字未动呢。"他个子矮小，被余振取了外号"灵猴"，起初他竭力反对，后来流传开了，他也妥协了，只是将之篡改为"悟空"，说话动不动就自称"老孙"。他身材虽小，说话倒是声如洪钟，语气斩钉截铁，似乎一字没写倒给他添了许多光彩。

其他同学也纷纷倾诉自己的不幸，也都是说得越惨越觉得有面子。这似乎有阿Q精神的影子，人家状元是第一，我把自己批判得最体无完肤，也能算是第一。

余振脸上泛起一层亮色。有这么多难兄难弟，老师总不至于责罚得过于严厉，法不责众嘛。

于是他也安了心。

不过他无意中余光一扫，突然发现旁边的杨略一语未发，面露得色。可在以往，杨略的嗓门肯定是最为撕心裂肺，响遏行云的。而且，杨略总是喊得最有创意。比如一次课代表来催交作业时，杨略捶胸喊道："作业，作孽啊……"用的是农妇哭丧的腔调，蜿蜒曲折，百转千回，一时让同学们捧腹大笑，引为经典。

今天他是怎么了？

余振问："杨驴，你的情况怎么样？不会没了草料，连作业本都嚼下去了吧？"同学们一阵哄笑。余振不仅自己有外号，还喜欢给别人起。班上半数同学的外号都是出自他的大脑瓜。什么“猩猩”、“大象”、“河马”之类的，初三(2)班倒像个动物园。

杨略气定神闲，缓缓地从书包里取出作业本，然后又缓缓打开成扇形。他以自己为圆心，以手臂为半径，用作业本在空气中画了一个圆，让同学们看到里面清晰齐整的字迹。

伙伴们个个目瞪口呆，上下打量他，似乎是看到了外星人。

余振亲昵地拍拍他的脑袋。他比杨略高了半个头，因此这个动作得心应手，还颇有领导关心下属的气派：“小子，做得不错，改邪归正了。”

凌霄更是夸张，掏出小刀，在距离眼睛几厘米的地方虚晃几下，表示士别三日，当刮目相看。

杨略站在中间，有些腼腆地笑了。原来是他看了那封信后，全身起了许多变化。在暑假后一个月里，他不仅把暑期作业全部完成，为了锻炼写作能力，还额外地多写了几篇周记。他第一次感觉到，原来认真学习的感觉如此之好。这种成就感，比以往自己掏钱，给兄弟们买零食时换来的或真或假的感激要美妙得多。虽然伙伴们叫嚣着自己作业没有做完，似乎因为叛逆而觉得自己很伟大。其实在每个人内心里，还是尊重认真学习的人的。

回家时杨略独自骑着单车，穿行在大街小巷里，脚蹬得飞快，仿佛骑着彪悍的烈马，驰骋在茫茫的大草原，内心乐不可支，单手握着把手，另一只手解放出来，伴着口中不成调的旋律，在空气中用力舞动。

他想起刚才班长葛怡在下课后，私下里问他：“你暑假里是不是有什么秘诀，或者是受了高人指点，透露一下吧？”

葛怡在学校里很有名望，她是班长，又是学生会的干部，成绩优秀不说，还时常参加辩论赛、演讲比赛。凌霄时常取笑她，瘪着嘴学老太婆的发音，说：“这丫头老喜欢抛头露面，嘴皮子又厉害，以后对象可不大好找哦。”这自然是笑话，葛怡是全班男生平时讨论最多的女生。她个子纤长苗条，皮肤白净透亮，眼如墨玉，睫毛曲长。平时喜欢扎一条马尾辫，黑亮利索，走路时就在脑后一甩一甩，活泼健康。如果若干年后，杨略回忆起此时的葛怡，或许会说：那时的她，长得非常童话，干净得像一支洁白的羽毛，在风中轻灵飘逸，自信而超然。

面对那张令他十分心仪的清纯脸蛋，杨略一阵冲动，很想把真相告诉她，可是想起信中的嘱咐，于是及时堵住了嘴，神秘地一笑，说："秘——密。"

葛怡一脸错愕，似乎没有料到杨略会拒绝回答。她一直相信自己的魅力。

杨略做了个鬼脸，在班长目光的护送下，跑到地下车库去了。他确实有些着急，因为今天是九月一日，他应该能收到第二封神秘来信。

很快到家了。他把单车随意一靠，冲向信箱。果然又有一封厚实的信。他跑到楼顶，时值黄昏，气温有些清凉，他坐在青瓦上也不觉得炎热。小心地拆开信封，起先是躺着，纸张在天光下，变得纤薄透明，而文字就更为分明，如自古以来就铭刻于浩瀚的天际。后来渐渐激动，热血奔涌。于是坐起来，将信纸铺在膝盖上，认真地往下看。

晚风吹拂，杨略感觉这风像从辽阔的宇宙吹来，浩浩荡荡，将自己的心胸吹得透明。都市的喧嚣寂然不见，他似乎听到树叶沙沙作响，仿佛天籁。空气中弥漫着淡淡的香味。

不知道这种香味是来自花园，还是来自信件，或者是来自他此刻温暖的内心。

杨略觉得心旷神怡。

信中的内容是这样的：

杨略：

见字如面。

转眼一个月过去了，在你的身上，我欣喜地看到了许多奇妙的变化，我甚至能想象到你现在自信充实的微笑。其实这些变化不是我的信赐予你的，而是你内心的需求促使了这种变化的发生。这正像一棵豆芽在密封的酒坛中长得瘦弱发黄，而一旦有谁把封口揭开，让阳光射进酒坛之中，那么豆芽将茁壮成长，全身会变得翠绿鲜嫩。

我起的作用，也不过是揭开了你心灵的封口。

好了，闲话不多说，我们开始今天的课程吧。

你是不是经常在学校里听到这样的声音：

“这题目太难了，凭我是不可能做出来的。”

“小阳又拿了一等奖学金，真是个天才。我的脑子……唉，就算了吧。咱不是那块材料，想了也是白想。”

这似乎是表示谦虚，其实他们真正的意思是：“我不是那样的人，所以犯不着那么辛苦。”这些人意志不够坚定，对自己也缺乏信心。更让人失望的是，他们还在为自己的懦弱找理由，换取个心安理得，最终导致灵魂麻木。他们相信有些人从来就是命运的宠儿，他们在人生与事业上无往不胜。而自己不是这种人，所以注定不能成功的，自己何必去自我没趣？

其实这种想法是完全错误的。任何一个成功者，走过的都是不平路。人不可能常常处在顺境，有时候在学习中，我们可能连续几天、几周，甚至几年都不顺心。没有毅力的人会垂头丧气；而一个有志之士却会矢志不移地追求自己的理想，无论前方是阴森的沼泽还是黑暗的森林。因为他知道，这是唯一的途径。

坚持不懈不是永远守着一件事情不放，而是全心全意做好眼前的事，向自己的理想逐步靠近。先求耕耘，再问收获。从零碎的小事做起，每天比别人早起床，比别人多做些题目，随时寻求提高效率的方法。天才不一定能成功，最聪明的人也未必就能得到幸福。但只有勤奋学习，坚持不懈，在困境面前心志不移，在顺境面前也不放松的人，才能成为最后的胜利者。

·把磨难当成一种祝福·

爱默生说："伟大人物最明显的标识，就是他具有坚韧不拔的精神，不管环境变化到何种程度，他的初衷和希望，仍然不会有丝毫的改变，而终至克服障碍，达到所企望的目的。"那何为"坚韧不拔"呢？在我看来，它包含了两层含义：一是"坚定"，二是"坚忍"。

"坚定"指的是意志要像泰山一样巍然屹立，任它狂风暴雨，还是糖衣炮弹，我自岿然不动。

"坚忍"指的是在战略上要韬光养晦，积蓄力量，待机而动。

在《洪湖赤卫队》中，有个让我印象深刻的场景：一名游击队员求胜心切，打了个小胜仗，他就热血沸腾地要乘胜追击。队长韩英对他说："你的拳头，是伸着打出去有力，还是先收回来，再打出去有力？"一句话，就让队员们清醒过来。是啊，要想获得成功，我们就要像藤条一样，要有韧性的战斗力。不像《三国演义》里的许褚只知道蛮干，杀得兴起连盔甲也不要了，最后只能落得身负箭伤，落荒而逃。

那么，我年轻的朋友，如何才能养成这种坚韧的精神呢？它绝不会平白无故地降临到一个人的身上。温室里的花朵，一移到室外，经受不了风雨立刻香消玉殒。所以，我们需要的是磨炼，需要的是经受苦难。先辈们告诉我们，艰难的际遇、失望的境地、贫穷的状况，虽然会打垮无数人，但也造就

知识点链接：

《洪湖赤卫队》，1959年上映，反映了洪湖人民跟随共产党闹革命的故事。影片塑造了一个英雄人物韩英。她是以当年贺龙的姐姐贺英的革命故事为原型改编的。

许褚，曹操麾下猛将，骁勇善战，人称"虎痴"。曾与马超大战数百回合，不分胜负。他杀得兴起，"飞回阵中，卸了盔甲，浑身筋突，赤体提刀，翻身上马，来与马超决战"，结果在乱阵中手臂中箭。金圣叹读到此处，批道："该。"以后遂用"许褚赤体斗马超"来指代有勇无谋的莽夫。

知识点链接：

拿破仑·波拿巴，法国政治家和军事家。生于破落贵族家庭。1799 年发动政变，成立执政府，自任第一执政。1804 年称帝，建立法兰西第一帝国。滑铁卢战役失败后被流放于圣赫勒拿岛。1821 年病死于该岛。

曾国藩，中国历史上最有影响的人物之一。恰逢太平天国巨澜横扫湘湖大地之时，他在家乡创建了湘军，历尽艰辛为清王朝平定了天下，后历任两江总督、直隶总督，官居一品，死后被谥"文正"。曾国藩所处的时代，是清王朝由乾嘉盛世转而为没落、衰败，内忧外患接踵而来的动荡年代，由于曾国藩等人的力挽狂澜，一度出现"同治中兴"的局面。

了无数伟人。如果拿破仑年轻时候没有遇到过困苦、窘迫、绝望，那么他决不会那么足智多谋，在战场上那么镇定果敢。因为这些苦难，赐予了伟人们百折不回的坚韧性格——这是成功者生命的脊梁。

人生旅途中，虽有风和日丽、清溪流泉的佳景，却也不免会有风吹雨打、雷电交加的磨难。许多人在困难面前畏缩不前，甚至怨天尤人，觉得上天是多么不公。其实他们只是被表象迷惑了而已。

因为所谓艰难困苦，都只是戴了面具的幸运之神。曾国藩曾说过："困心横虑，正是磨炼英雄，玉汝于成。"翻译成现代语就是："困难逆境，正是凡人磨炼成英雄，上天让我们成就大业的最好时机。"

由此可见，上天给予我们苦难，正标志着我们是幸运儿。因为他从芸芸众生中选择了我们，让我们去成就伟大的事业。而在成功之前，他还要再次删选，将我们置于熔炉和砧板上磨炼，看谁能坚持到最后。伟人之所以伟大，关键就在这里：思想懦弱的人，常被灾难屈服；思想伟大的人，则往往趁机兴起。

苦难是最好的大学，磨难是命运的试金石。当我们把磨难当成一种祝福，我们将无往而不胜。遇到苦难时，切勿浪费时间去算遭受了多少损失，而是应该计算一下，我们从苦难中能得到多少收获。当我们拥有了这种乐观的心态，当我们超越了苦难，拨云见日的时候，我们会发现，我们得到的远比失去的要多。

在法国里昂的一次宴会上，人们对一幅不知是表现古希腊神话还是历史的油画发生了争论。主人眼看着争论越来越激烈，就转身找他的一个仆人来解释这张画。客人们一开始还觉得奇耻大辱，但碍于主人面子，不好发作，只能耐着性子，等着仆人出丑。可是让他们大为惊讶的是，这仆人的说明是那样清晰明了，那样深具说服力。客人们恍然大悟，辩论马上平息了下来。

知识点链接：

卢梭，18世纪法国伟大的启蒙思想家。主张“人类生下来就是自由的，人可以说是自由的动物”。主要作品有《新爱洛绮丝》《民约论》《爱弥儿》《忏悔录》《社会契约论》。

“先生，你是什么学校毕业的？”一位客人很尊敬地问。“我在很多学校学习过，先生，”这年轻人回答，“但是，我学的时间最长，收益也最大的学校，是我所经历过的苦难。”他为这苦难的课程付出的学费是十分有益的，尽管他当时只是一个贫穷低微的仆人，但是金子总是会发光的。不久以后，他终于以自己的智慧震惊了全欧洲。他，就是那个时代法国最伟大的天才——哲学家和作家卢梭。

霍兰先生说得好：“在肥沃的土地上，盛开着美丽的花朵；而那些枝拂天堂的参天大树，却长在岩石缝中。”养尊处优的环境是不可能培养出伟大的人物的，甚至可以说，处在优越环境中的人往往日趋堕落。因为他们衣食无忧，今天即使不奋斗，明天依旧有牛奶和面包。可是一成不变的生活会渐渐显得暗淡无光，空虚无聊，于是就开始追寻另外的刺激，比如酒精，比如毒品。而险恶的环境，却让人始终保持清醒的头脑，启发我们内在的力量。众所周知，人类有些潜能，平日里一直潜伏着，除非遭到巨大的打击和刺激，不然是不会显露出来的。人们最出色的工作，往往是处于逆境下做出的。

杨略看到这里，不免有些失望。原来坚强的意志要在苦难中才能锻炼出来的。可自己呢？自出生以来，家境就非常富裕，从小就没有为衣食担心过，玩具也是要什么爸妈就买什么，玩了两天就抛到一边，好像爸妈也并不责备。上了初中，自己的零花钱比别人都多，抽屉里常常一堆零食，自己吃不完，就分给要好的同学。渐渐地他的身边就多了一群哥们儿，天天围着他转，表面上看关系要多铁有多铁。

关于未来，似乎也没有什么好担心的。用外婆的话说："略略，你是最快活的。要什么就有什么。等你长大了，工作也不用愁，上个大学，接过你爸爸的班就行了。"在这种温床里，父母早就把前面的路铺垫好了，自己只需要安心地长大，顺其自然就可以活得滋润，真是事事顺心，时时得意，哪里还有什么风浪？

杨略靠在屋顶上，双手交叠托着后脑勺，目光平视前方，一群鸽子飞过城市的上空，自由地盘旋。鸽哨清脆而悠长的声音，让人浑身舒坦。他的目光跟随鸽子下移，落在楼下的大树上，风中树枝不住摇晃，树叶也扑扑地动着，似乎也想学鸽子那样自由飞翔。

杨略看着这棵树，突然觉得它其实也是一只大鸟，遍体的叶子都是羽毛，独腿深深扎在泥土里面，为了追求稳定，却失去了飞翔的能力。也许它也很难过，一阵风过，每一片羽毛都在不安地扑腾，做着翱翔于天际的大梦。可是它们总是失望，直到秋天树叶凋零的时候，叶子才有机会做短暂的滑翔。它们是那样珍惜这次机会，一个半圆，又一个半圆，缓缓的，无比陶醉的，最后落在宽阔的土地上，而后死亡，干枯，腐烂。

而我是做一只追求理想的鸟，历尽艰辛，练就矫健的身姿，还是做一棵树，平平安安，益寿延年，然而一生一世挪不了窝？

杨略觉得，自己应该选择前者。特别是他的理想乃是成为一个作家，就更需要丰富的阅历，躲在温室里，哪能写出波澜起伏、感人至深的文学作品来？

他忽然周身都如烧着猛火，火舌舔到了脑门，嗡嗡地响，眼睛仿佛闪出火星来，拳头重重锤在膝盖上。

许久他才收回心思，继续看下面的信。

·在绝望的时候再等一下·

杨略，在我们开始下一个命题之前，先来看个小故事吧。我不想让我的课程充满太多的说教味道，不过有时候我也没有办法，可能是太爱你们这一代人了，恨铁不成钢，所以语气上常常显得颐指气使。其实我自己也是非常痛恨这种语气的。因为我觉得，一个人只有自己有甄别是非的能力，才能真正提升自己。而你在看故事的时候，自己会从中悟出道理来。而我会稍微点拨一下，或许会有画龙点睛的作用。关键在于你自己。

废话不多说了，我们来看这个故事：

一个老婆婆在屋子后面种了一大片玉米。秋天到了，玉米地里一片金黄。一个颗粒饱满的玉米说道："收获那天，老婆婆肯定先摘我，因为我是今年长得最好的玉米！"

可是收获那天，老婆婆并没有把它摘走。

"明天，明天她一定会把我摘走！"饱满的玉米这样自我安慰。

第二天，老婆婆又收走了其他一些玉米，可唯独没有摘这个玉米。

"明天，老婆婆一定会把我摘走！"它仍然自我安慰着。

可是……从此以后，老婆婆再也没有来过。

直到有一天，玉米绝望了，原来饱满的颗粒变得干瘪坚硬。

可是就在这时，老婆婆来了，一边摘下它，一边说："这可是今年最好的玉米，用它作种子，明年肯定能种出更棒的玉米！"

不知道你看完这个故事以后有什么感觉，我当时是心里受到很大的触动。是啊，也许你一直都很相信自己，但你是否有耐心在绝望的时候再等一下！偶尔的挫败乃是人之常情，健全而快乐的人洞悉世情，知道抱怨自己的际遇毫无用处。他们要做的，就是乐观地坚持自己的事业。竞技场上的法则是，谁是勇敢者，谁能坚持到最后，谁就是胜利者。成功不是轻易能得到的，我们难免会有失败，但是不要灰心，成功往往是躲在拐角后头，只需要你再坚持一会。

百折不挠的毅力就是：当别人都放弃的时候，你仍然坚持不懈。

坚持就是胜利，这是人所共知的道理。可是人们常常在浅显的道理面前迷惑。成功是一个长期艰苦的积累的过程。法国大文豪、政治家卢梭说："成功的秘诀，在永不改变既定目的。"其实，成功就像金字塔的顶点，只有锲而不舍地努力攀爬，才可能最终达到这光辉的顶点。

在漫漫岁月中，有许多名人都是这样走过来的。宋代司马光编《资治通鉴》，耗尽了十九年的光阴，定稿以后，已是老眼昏花，两鬓斑白，不久就去世了；明代李时珍写《本草纲目》，踏遍名山大川，收集上万药方，用了一万零九百五十天，也就是整整三十年；居里夫人深知"我们应当有恒心"，几十年如一日，终生从事放射性元素的研究，发现了钋和镭两种元素，成为驰名全球的女科学家；德国大诗人歌德，耗费六十年的心血，才完成他的长诗《浮士德》，直到临终前，这个八十四岁的老人，还伏案书写……这一切不正说明只有持之以恒，呕心沥血，竭尽毕生，水滴石穿，绳锯树断，才能达到成功的彼岸吗？

为什么只有有恒心，贡献出毕生

知识点链接：

司马光，北宋大臣、史学家。编撰有《资治通鉴》，取"鉴于往事，有资于治道"之意。王安石行新政，他竭力反对，与王安石在帝前争论，强调祖宗之法不可变。死后追封温国公。

《浮士德》，歌德的著作，根据德国一个炼金术士向魔鬼出卖灵魂以换取知识和青春的古老传说，反其意而之，演示了广阔、深邃而崇高的人生内容，为人类自强不息的进取精神唱了一出迄今响彻寰宇的凯歌。《浮士德》不是读一两遍就能透彻理解的。除了内容上博大精深，包括哲学、神学、神话学、文学、音乐等方面的知识外，更有形式上的错综复杂，有希腊式悲剧、中世纪神秘剧、巴洛克寓言剧、文艺复兴时期流行的假面剧、意大利的行会剧以及英国舞台的新手法、现代活报剧等等——这些五花八门的体裁几乎采用了每一种已知的西方格律。

的精力，才能成就一项事业呢？辩证唯物主义认为，事物都有着它的客观规律，规律隐藏在事物的内部。人们只有反复实践、观察和探索，并加以总结和归纳，才能发现和认识客观规律，这个过程得花费几十年乃至一生的时间。即使是像蠕虫这样的小东西，它的生理结构也并不简单，聂弗梅互基若不花费几十年心血，又怎能获得较完整而准确的研究成果呢？

可见恒心是开启成功的钥匙。

历史伟人的杰出成就令人敬慕不已，而他们以毕生心血从事一项事业的恒心对我们来说更有意义，更有启迪。当然，你会觉得伟人高不可攀，不过我们不应该有做伟人的理想吗？话虽如此，我们不妨来听听同龄人的故事，这样你可能会感到更亲切：

有这样一位学生，非常喜欢数学，初一时参加数学竞赛就得了个三等奖，不过成绩只有59分，而第一名的同学成绩是95分，两个人的分数刚好倒了个，差距可谓大矣。不过这位同学经过了一年的努力，第二次参加竞赛，成绩一下跃居到第一名。其中还因身体不适在家静休了三个月，其间没有任何家教辅导。后来老师让他传授经验，他说："在第一次失败之后，我在一年里自学完了初一到初三的全部数学课程，后来又超前学习了高中的数学，并且每天坚持多做数学难题。因为我知道，自己不是最聪明的人，但是我力争成为最勤奋的人。"

杨略，你注意到了吗？他说的是每天坚持！这是他成功的先决条件。但与此相反，我们现在大多数人却意志薄弱，都企图今天努力，明天就会成功。这显然是十分幼稚的想法，因为它违背了事物的发展规律，其结果注定是失败。

据我所知，杨略，你现在的意志力还不够坚定，比如你做作业的时候，常常一遇到难题，心里就敲起了退堂鼓，久而久之，难题越积越多，你都懒得去理会了，对学习也产生了恐惧。你现在成绩不容乐观，很大程度出于这个原因，对吗？我还想到一件事情，记得你刚刚喜欢上集邮的时候，到处收集邮票，还到阁楼里把爷爷和爸爸的旧信件都翻找出来，掸掉灰尘，将信封浸泡在水里，然后仔细地揭下，晾干，再夹进集邮册中。那种热情和执著很让人激动，可是才过了个把月，你就失去兴趣了，集邮册也锁进了抽屉。这很让人担心。

如果你现在觉得懊悔，你可以开始有意识地培养恒心。比如你想学好英语，每天早上坚持背30个单词，努力坚持做21天。你会惊奇地发现，一到早上，你会不由自主地抽出英语书。一天不背，心里还空落落的，茫然若失。这说明，背单词已经成为你的习惯了。要是你能把你想做的事情都变成你的习惯，还有什么事情不能完成呢？坚持吧，我相信你能成功的。因为你一直以来都是好孩子，尽管你自己不知道。

·网络游戏？电子竞技？·

车尔尼雪夫斯基说过："只有抗拒诱惑，你才有更多的机会做出高尚的行为来。"

人的一生中有太多的诱惑，在许多不良诱惑面前，许多人不能分清自己所要解决的主要问题，往往因一时的诱惑，错失时机，致使终生遗憾。特别是处在十六岁的少年们，心智发育还不成熟、自制力较差，面对这个精彩的世界，他们还不能认清自己最需要做什么？轻者：游戏机、网吧、打闹嬉戏；重者：赌博、毒品、黄色读物，它会浪费青春年华、毁坏大好前程，后果非常可怕。

种种诱惑其本质都是相似的，而抵制诱惑的方法也是相同的。如果你正确地树立了自己的理想和人生目标，如果你的意志坚强并能战胜自己，如果你修炼完了以上信件的内容，那么你就一定能够成功地抵御各种不良的诱惑。

由于诱惑很多，不可能面面俱到，我仅从网络游戏来谈这个问题，网络游戏是最近几年才普及的，属于新鲜事物，对中学生的诱惑力也特别大。说起网络游戏，很多家长、老师都深恶痛绝，因为网络游戏对青少年学生有着太大的诱惑，使得一些人沉溺其中，不能自拔，以至于有的学生因此荒废了学业，有的学生更因此误入歧途。有一个大学生这样说："我们买电脑的时候，确实是想用来学习的。听听音乐，学学英语，上网查查资料。可是过不了多久，电脑就会改装成游戏机。各种游戏纷至沓来，让人玩都来不及，哪里还有时间学习？于是逃课现象渐渐多起来，晚自修更是不可能去了。有的人甚至通宵玩电脑游戏，吃饭也不认真吃，往往是让别人带盒饭，然后一边盯着电脑屏幕，一边胡乱扒几口饭，草草了事。于是身体也逐渐消瘦下去。"这是我们身边活生生的例子。

以下是北京一所名牌大学一名现在在班里排名倒数第一的班干部的检讨：

"当我爸爸看到那张可怕的成绩单时，他只是轻轻地对我说：'我的心现在就像被刀绞一样。'我知道这句话的分量。全班倒数第一名的成绩是我从来没有想到的。但事实证明，在残酷的竞争中，堕落+放纵=毁灭。上学期是在'逍遥'中度过的，逍遥的代价就是对学习的彻底放弃。除了玩(网络游戏)的经验，我没有得到任何东西。

"高中的第一和现在的'第一'确实让我苦涩不已，这是我自找的。我们这些差生都被另一类毒品所侵蚀——就是网络游戏。我被这个毒瘤侵害的几个月中，一有时间便去奋战，上课无心听讲，脑中想到的只是游戏中的片段，而不可能有丝毫的空间来容纳题目、公式。"

看来网络游戏对一个被称为社会精英的大学生影响尚且如此，何况对正处于心理逆反期的青少年学生呢？

但如今，网络游戏摇身一变，披上了电子竞技的时尚外衣，成了名正言顺的一种体育运动，这无疑会让教育者进一步审视这样一个问题：如何看待学生倾心网络游戏。如果你跟他说，玩网络游戏既浪费了大好时光，影响学习，又有害身体健康，他此时或许会振振有词地说，网络游戏现在是一种体育运动，国家都承认了，我为何不能玩？他才不会管你网络游戏与电子竞技到底有没有区别。

其实，说起游戏，人人都爱玩，或许这是一种天性。20世纪70年代的学生玩的是跳皮筋、弹玻璃球，到了80年代，游戏机席卷了无数学生，现如今，随着网络的飞速发展，众多学生又被网罗到电子游戏的营盘。无论游戏形式如何变化，游戏的本质并没有发生根本的改变，无非是网络游戏的诞生使成百上千、甚至成千上万的人一同参与游戏成为了现实。

2004年1月份发布的中国互联网络发展状况统计报告显示，玩网络游戏者的主要目的是休闲娱乐（占88.8%）和锻炼智力（占31.6%）。而他们对于玩网络游戏对其学习、工作、生活的影响的看法是：32.3%的人认为没有影响，16.0%的人认为有较大的负面影响，6.7%的人认为有较大的正面影响。而对于中国互联网络发展状况统计报告却不能让在第一线工作的初中教师信服，也不能让长辈家长信服。在这些教师家长看来，玩网络游戏的同学，几乎每一位学生的成绩与原来相比都有不同程度的下降，有的甚至下降到不可救药的地步。最终在初三面对毕业与升学的双重压力时，教师给家长无奈但也是最有效的建议便是让家长把电脑网络暂停。一个连成人都难以把握和控制的游戏，怎能希冀一个未成年人来有效控制与自律呢？

玩物丧志要解决，无非是两条路，不玩物，要立志。孔子曾说，吾十有五而志于学。十五六岁的人不学习能知道什么呢，又能干什么呢？在上文中，我曾经引用伏尼契的话："一个人的理想越是崇高，生活越是纯洁。"当我们坚定了崇高的目标，并为之付出不懈的努力，我们还会把时间浪费在无聊的游戏之中吗？还会再为身边的烦琐小事情所困扰吗？很多人走向堕落都是因为胸无大志，生活十分无聊，于是就去寻找刺激，最终慢慢步入歧途。

> **知识点链接：**
> 艾捷尔·丽莲·伏尼契，著有小说《牛虻》，这是一本激情小说，一部心灵史诗。此书曾风靡前苏联和中国，牛虻这个人物曾影响了许多当时的青年。

十六岁是人生第一次分流，很多人鱼跃龙门，走向更加广阔的天空；有的人从此走了下坡路，一辈子无法振作。理想不是空想，它是指引我们前进的灯塔，是推动我们前进的动力。

著名美国心理学家马斯洛在关于人的需要层次的学说中，将人的需求分为五个层次，依次为：生理需要、安全需要、归属与爱的需要、尊重的需要、自我实现的需要。其最高层次是“自我实现的需要”，即充分开拓和利用自己的潜能，并完全实现自己理想与抱负的需要。

莎士比亚说：上帝把亚当贬落到人间，所制定的第一条戒命就是“用自己的血汗去换面包！”人活在世上，应当有尊严及体面的生活，体面即你的成就，包括社会成就、经济成就和学术成就等。想想含辛茹苦的父母，他们望子成龙、望女成凤的企盼之情是如此强烈，对他们而言，最高兴的事就是孩子成才，最伤心掉泪的事莫过于孩子没有出息。憧憬一下我们的未来吧！我们可能在重点大学的神圣殿堂中学习，也可能在大洋彼岸世界著名学府的实验室中研究，天上飞的可能是我们亲手设计的飞机，地上跑的也可能是我们参与制造的汽车，数学难题等待我们去攻克，最新的时装等待我们去设计，科学院院士的名册中会有我们的大名……

知识点链接：

莎士比亚，52年的生涯中，他为世人留下了37个剧本，一卷14行诗和两部叙事长诗。他的剧本至今还在世界各地演出。在他生日的那天，每年都有许多国家在上演他的剧本纪念他。马克思称他是“最伟大的戏剧天才”。代表作是《哈姆雷特》《奥赛罗》《李尔王》《麦克白》，合称四大悲剧。

有目标才会有追求，有理想才会去奋斗。生命就像是一篇文章，结尾处有些人用的是句号，有些人用的是惊叹号，也有些人以问号来结束。当你有了目标，你还会把自己有限的时间浪费在电脑游戏之中吗？

是的，你会把时间用在学习上。尽管我们不提倡题海战术，但是趁着记忆力旺盛的时候，多学点东西，一辈子受益无穷。一个人成就有大有小，水平有高有低，决定这一切的因素很多，但最根本的是学习。学习是不能偷工减料的，一靠积累，二靠思考。综合起来，才有了创新，但是第一步是积累，积累说白了就是抓紧时间读书，一边读书，一边思考，让自己的大脑活跃起来。

高尔基说：书籍是人类进步的阶梯。只可惜人生太短，以80岁计，仅有29200天，一个人一生无法体验所有的人生经验，唯有读书，从间接经验中了解人生，用前人的经验来充实自己，先学习前人，而后发展前人，最后才有自己的发现和创造。学习使人变得充实，学习可以改变人生。

学海无涯勤作舟，云程有路志是梯。天下成大器者，无一不是刻苦努力的结果，刻苦与否也是对你意志的考验。要合理安排好你的每一分钟，全身心地投入到学习中去。学习是很辛苦的，但是苦中也能获得许多乐趣。钱钟书说过：读书是人生永远的快乐。要将学习当成一种事业，当成至高无上的享受。在浩瀚的学海中，只有勇于逆水行舟的强者，才能到达胜利的彼岸。

知识点链接：

钱钟书，1929年考入清华大学外文系。报考时，数学成绩不及格，因中英文成绩特优，被破格录取。在大学期间，建立了比较文化和比较文学观念，知识结构正式形成。后来赴英国牛津大学及巴黎大学进修。其治学特点是以贯通中西、古今互见的方法，融汇多种学科知识，探幽入微，钩玄提要，在当代学术界自成一家。著作有学术类《谈艺录》《管锥篇》，小说《围城》等。

抵制诱惑，重点永远在于你自己的身上。“君子务本，本正而道生”，这是孔子的话，意思是：“君子专心致力于根本的工作，只要基础的东西建立了，道也就由此而产生了。”武侠小说中亦有功力深厚而百毒不侵之说，所以我们只有意志坚强，让自己的内心变得充实，这样，一切不良的诱惑才会被拒之门外，我们才能得以健康地成长。

好了，写到这里，我的窗外已经一片黑夜的宁静，自己也有些困倦了。今天我们的课程先到这里吧。我尽量用平和的语气来写这封信，不知道我做到了吗？我又看了一遍这封信，觉得比上一封要好一些，你觉得呢？

祝你学习进步。

你的大朋友　倪甫清

8月30日夜

杨略看到这里，突然觉得奇怪，这个倪甫清怎么对自己的情况如此了解？甚至于自己集邮的事情他也知道。

想起邮票，那是初一时候的事情了。偶尔一次去办公室，看到英语老师正在翻开一个大册子，硬封面，花花绿绿的，似乎是相册。不过老师却用放大镜在仔细地看。这让杨略觉得奇怪。

这好像是警匪片里的场景：警察从现场照片中，用放大镜查看案件的蛛丝马迹。

杨略一时来了兴趣，蹑手蹑脚地走过去，从老师的肩膀后面偷偷地看。原来是各色各样的邮票，色彩斑斓，很是好看。

"张老师！"杨略出其不意地喊了一声。

张老师吓了一跳，手中的邮册差点掉到地上。他猛然回头，一脸愠色，一看是杨略，怒气消了，只是骂了一句："干什么，小鬼头。"伸手慈爱地抚摸他的头。

当时杨略英语成绩很好，常常得到张老师的赞扬，因此两个人关系很好，平时都是无拘无束的。

"张老师，你怎么有这么多邮票？寄信吗？"

"傻孩子，这叫集邮，和人家收集字画是一样的。你看，这套三国演义邮票，一共四枚，'桃园三结义'、'三英战吕布'、'凤仪亭'，还有'煮酒论英雄'，设计得多漂亮，不仅有收藏价值，还能陶冶情操，增长古典文学知识呢。还有这些是纪念邮票，通过它们，你能够知道伟人的生平肖像，哪年召开了什么运动会……多有意思……"

杨略在张老师的指导下，渐渐为邮票所吸引，手中托着邮集，爱不释手，赞不绝口。张老师看他来了兴趣，临走时就送了他一套三国演义邮票，并笑着说："这套邮票给你做种子，愿你很快拥有自己的邮集。"

杨略欢天喜地，一迭感谢，回家以后的事情，在信中也都写到了。

往事历历在目，杨略沉浸于当中，突然心里一动，莫非这个"倪甫清"就是张老师？不然他怎么会知道自己喜欢过集邮？况且信中还谈到英语的学习呢，这会不会是他三句不离本行，无意中透露了消息呢？

仔细想起来，自从杨略的成绩逐渐下降以后，他就很少去找张老师了，主要是觉得惭愧。平时在路上远远看到，他能躲则躲；没办法碰到了，也只是打个招呼就匆匆走开。而他分明能看到张老师眼中流露出来的遗憾和关怀。

或许真的是他吧，平时很少有交流的机会，他就用这种方式来关心自己的成长。杨略心里一阵感激。

晚上爸爸也在家，并且亲自下厨。妈妈给他当下手，里里外外地穿梭，不多时就摆了一桌的山山水水。在他们家，一家三口聚在一起吃饭，又如此笑脸盈盈，和和美美，其实是挺难得的。

爸爸开的是一家企业管理咨询公司，用爸爸自己的话说，他们公司就是企业的医生，哪家企业生病了，比如运营不善，资金周转不灵，就得请他们去诊断。不过妈妈戏称他们是乡村郎中，时常是摇个铃铛，东村西村地晃荡，混到后来有了点名气，别人生病只需一个电话，他们还得随叫随到，哪里有正规医生那么气派，只要坐镇医院，病人自然慕名而来。

妈妈说的虽是笑话，但还是挺有道理的。这不，爸爸的公司刚和一家酒类公司洽谈好业务，准备过几天就远赴甘肃，真的是随叫随到呢。爸爸不能常常在家陪伴妻儿，心里也是愧疚的，所以今天下厨，算是一种补偿。

杨略学过地理学，知道那块地方临近沙漠，气候干燥，风沙漫天，早晚温差很大。爸爸在温润的江南住惯了，突然到那里去，肯定很不习惯，而工作的辛劳就更不用说了。

在餐桌上，杨略看着爸爸。他很少这样注视爸爸，今天仔细一看，心里顿时感到心酸。爸爸这几年来工作繁忙，东奔西走，外表变化挺大。脸上的皱纹日益明显，笑起来脸颊上有深深的刻痕。眼睛下面凸出眼袋，还略略有黑眼圈，这显然是熬夜所致；头发虽然还是黑的，看上去却少了光泽，不像以前那样发亮；握着筷子的手也是青筋突出，盘根错节。

爸爸是为事业为家庭走南闯北，才劳累成这样的，而自己偏偏又不争气，平时花销那么大还觉得不满意……杨略看着爸爸，眼眶里湿湿的，有很多话想和他说，却又堵在喉咙里说不出来。他太不习惯于向爸爸表露感情。

这时爸爸偶尔看了他一眼，他赶紧低下头，往嘴巴里扒饭，有眼泪扑簌地落进碗中。

晚饭后他找了个借口出去散步，顺便去信箱里取了那封白色的信，在花园里借着路灯看信。灯柱上缠绕着紫藤，枝繁叶茂，还挂着累累的豆荚，灯光也带着浅浅的绿色。

这次的信很薄，打开一看只有两页：

杨略：

见字如面。

最近我的工作确实挺忙的，每天抽空给你写一段信，写完时已经是30日晚上。为了确保1日能让你看到我的信，下面的训练题是今天早上醒来时整理的。我又急着上班，所以活儿肯定比较粗糙，但是我相信，你只要认真地做，这些题目对于巩固还是会有升华的作用的。

·趣味测试&魔鬼训练之意志篇·

[训练题一]材料作文。

坚强的意志和持之以恒的品格对于成功是多么的重要，看看MBA的全国入学考试题就知道。这是一道2001年全国 MBA 入学考试语文试题，你虽然还只有十六岁，相信你也能做得好。

根据所给的材料，写一篇六百字左右的议论文，题目自拟。

1831年瑞典化学家萨弗斯特朗发现了元素钒。对这一重大发现，后来他在给他朋友化学家维勒的信中这样写道：“在宇宙的极光角，住着一位漂亮可爱的女神。一天，有人敲响了她的门。女神懒得动，在等第二次敲门。谁知这位来宾敲过后就走了。她急忙起身打开窗户张望：‘是哪个冒失鬼？啊，一定是维勒！’过了几天又有人来敲门，一次敲不开，但是他没有放弃，继续敲门。女神开了门，是萨弗斯特朗。他们相晤了，钒便应运而生！”

可能写这样的文章，你肯定觉得很累，不过尝试着写一下，你会觉得受益匪浅。因为我知道，你现在肯定有很多感慨，现在我给你一个发挥的渠道，将你的感悟写出来加以升华。

写完了吗？那我们来做几道简单轻松的测验题吧。

[训练题二]意志力的自我测试。

下面是一些选择题，每一题你可以在 ABCDE 中选择其中一项，然后按照题目下面的评分标准进行积分。

A. 很符合自己的情况

B. 比较符合自己的情况

C. 难以回答

D. 比较不符合自己的情况

E. 很不符合自己的情况

1. 当我决定做一件事时，就马上动手，决不拖延。

2. 我给自己订的计划常常不能如期完成。

3. 我能长时间地做一件枯燥的，但却重要的事情。

4. 在练长跑时我常常不能坚持跑到终点。

5. 我没有睡懒觉的不良习惯，即使冬天也按时起床。

6. 如果我对某件事不感兴趣，我就不会努力去做。

7. 我喜欢长跑、登山等可以考验自己毅力的运动。

8. 在遇到困难时，只要有可能，我就立即请求别人帮我。

9. 读书期间，没做完功课我就不会去玩。

10. 面对复杂的情况，我常常优柔寡断，举棋不定。

11. 只要学习需要，没有人强迫我，我也可以自觉坚持一个月不看电影和电视。

12. 我有时决心从第二天开始就做某件事，但到了第二天我的劲头就消失了。

13. 我答应别人的事情，就不会食言。

14. 如果我借到一本引人入胜的小说，会忍不住在上课时拿出来偷看。

15. 我敢在冬天用冷水淋浴。

16. 在我遇到问题举棋不定时，就希望别人来帮助我做决定。

17. 我感到订计划应有一定余地，免得完不成时太被动。

18. 在与人争吵时，尽管明知自己不对，我也会忍不住说一些使对方感到难受的话。

19. 读书期间，我决不拖延应交的作业，常常做到很晚。

20. 我比一般人更怕痛。

题号为单数的题目记分标准为：A 记 5 分、B 记 4 分、C 记 3 分、D 记 2 分，E 记 1 分。题号为双数的题目计分标准为：A 记 1 分、B 记 2 分，C 记

3分、D记4分、E记5分。

你把20道题目的得分全部加起来，查下面这张评价表，就可以知道你是否是个意志坚强的人。

评 价 表

总 分	意 志 力
20~35	很薄弱
36~51	较薄弱
52~68	一般
69~84	较坚强
85~100	很坚强

要是通过测试，发现自己的意志力不够坚强，那么，你可以再次阅读这封信。

杨略，说实在的，我打字速度很慢，所以上面这些文字已经用掉了我一个小时的时间，现在距离上班只有半小时了，我早饭还没吃呢。虽然广告里姜文说："胃痛，光荣。忙工作累的。"不过身体不适，毕竟不是好事。我且吃早饭去，就此搁笔。

另：也许你现在正猜测我是谁。其实你无须多想。我就是那些关心你的人中的一个。如果你要感激，请感激所有关心爱护你的人，包括你的爸妈、老师、同学……

祝你学习进步。

你的大朋友　倪甫清

8月31日

看完信，他上了楼，走过客厅时，看到爸爸妈妈正坐上沙发上小声说话，一看到他就停下来，脸上都浮现出微笑的神情。

爸爸问他："略略，爸爸明天就去甘肃了。要不要给你带点东西？"

"不用了，我的东西足够多了。爸爸你自己在那边要注意身体。"

他很乖巧地笑了笑，心知这种回答不是他以前的风格。可爸爸却没有流露出意外的神情，倒是一脸满意的微笑。有的时候，父子的沟通就是这么简单。

"明天你还要上课，早点睡吧。"

杨略答应着，回房间认真地完成了题目。第一题写得轻松，自己也颇觉满意，因为他原本就有很多感触的。而做第二题时，他参照自己的情况如实填写，发现只有 42 分，属于"较薄弱"行列。看来倪甫清在信中的判断还是正确的，自己意志确实不够坚定，要走的路还很长。

江南的九月虽然算是入秋，但是很难看出秋的迹象。窗外的树叶在灯光里依旧青翠，只是颜色略为深沉厚重了些，这应该算是一种成熟。中午的气温虽然依旧炎热，晚上顿觉凉爽，迎面吹来的风也是清爽温柔，让人感觉到秋高气爽的旷达，这也应该算是一种成熟，不像夏天那样任性炽烈。

而杨略觉得自己也成熟起来了，能够考虑一些比较严肃的话题，不像以前那样没心没肺的只是玩。

毕竟已经十六岁了，据说爷爷就在这个岁数结婚的，奶奶比他大了三岁，还说什么女大三，抱金砖呢。想到这个，杨略不禁想发笑：结婚，距离我太远了吧。倒是要想在以后成就一番事业，现在是时间认真考虑了。周瑜十七岁便带兵打仗，东征西讨，何其威风。甘罗、骆宾王、王勃也都是少年时便闻名当世。相比他们，自己确实不算小了。

从明天开始，我开始训练自己的毅力吧。

忽然又腾然跃起，在床上做了二十个俯卧撑，这是他空想很久而没有付诸实践的事情。边做边在口中念道："不行……要做……就现在开始做……

十一,十二……”由于缺少锻炼,开始还算轻松,做了十几个就觉吃力。艰难地完成最后一个,他仰躺在床上,喘着粗气,却感到神清气爽,挥舞一下手臂,肌肉似乎立竿见影地鼓起来了。心里有些得意:我明天要接着做,后天、大后天也一定要坚持,让俯卧撑成为我的习惯。

倦意逐渐覆盖过来,他很快沉入睡乡。

第三章

学生考试挂了红灯，羞于回家，于是去找老师："如果我把这成绩拿回家，我爸爸妈妈肯定会生气的。老师，你能不能先给我一个好成绩，下学期我一定努力学习。我保证！"……人生所或缺的不是才干而是志向，不是能力而是勤奋。

光阴似箭，转眼便是十月。国庆节有七天长假，若在往年，杨略肯定高兴得忘乎所以，可以随爸妈去名山大川开开眼界。可现在他已经是初三学生了，马上面临中考，而按照自己目前的成绩，进入重点高中还很困难，所以不得不抓紧时间学习。

不过他心里还有疑惑，特别最近看了韩寒的小说《三重门》，并且了解他的事迹之后，突然问自己：我这么辛苦地学数理化做什么呢？为什么不直接学习写作，就像激光那样，把所有的热能全都聚集在一点上，这样成功的把握不是更大吗？

不过一想到离开学校，总觉得孤独无依，况且不上大学，不是与父母的期待背道而驰了吗？

这些念头像乌云一般在杨略的脑海中盘旋交缠，一旦碰撞，就划过一道闪电，而后惊雷就在脑中炸响。这让他颇觉痛苦。而且一个月来没有收到神秘来信，他突然觉得有些茫然无助。

一天在教室里，杨略突然想：为什么不去找张老师呢，难道非得被动地等着他写信过来吗？顺便也可以探一探口风，看看信到底是不是他写的。

主意一定，在放假前的一天，他来到张老师的办公室。

张老师坐在那里，静静地喝茶，脸像杯中的绿茶一样，滋润舒展，一脸陶然自乐的样子，似乎茶香中自有无限意境。窗外就是校园，刚好是午休时间，同学们活蹦乱跳，谈笑喧嚣。张老师的办公室身处其中，就像是大海风涛中一叶悠然的小舟，从从容容。

杨略坐在旁边，觉得有些奇怪。"张老师，你为什么喜欢喝茶呢？"

张老师觉得他问得蹊跷，就反问："那你觉得我应该喜欢什么呢？"

"喝咖啡啊。我发现英语老师都喝咖啡。我还有一个表哥，大学读的是英语，才读了一年，也喝上咖啡了。和他说话时候，他嘴里老掉出英语来，我听都听不懂。”

“哈哈，其实你是把不正常的情况当正常了。一句谎言重复了一百遍，也就成了真理。一种不正常的情况，你看得习惯了，也就成了很自然的事情了。”

杨略尽管听得不是很懂，不过“习惯成自然”这句话倒很像神秘来信中的口吻。

张老师接着说：“其实我一直喜欢中国文化，大学里读了英语，接触了西方文化之后，反而让我更加喜欢中国文化。茶文化属于中国文化的一个重要部分，从中可以看出中国文化的神韵呢。”

杨略觉得新鲜：一杯茶，一口就喝尽了，除了解渴，能有什么文化？

张老师悠悠地说：“中国艺术讲究的是画外之境，言外之意。像这杯茶，绿茶本来并没有什么好看的，可是它有一股无影无形的清香浮动，沁人心脾。这才是茶的灵魂，也正是中国艺术的灵魂，在空气中轻灵飘荡。不懂艺术的人只是牛饮，什么茶叶到他嘴里都是一样，真是暴殄天物。只有懂得了中国文化的神韵，才能细细品味其中的意境。”

杨略听得有些痴迷，注视着杯中舒展腰身的茶叶，渐渐觉得身心俱宁，许久才回过神来，想起自己来访的初衷。

“您对中国文化这么痴迷，那么对科举制度怎么看呢？我觉得现在我们的考试和他们的科举也差不多，都是应试教育为主。”

“是啊，现在的中学教育确实是个很大的问题。虽然现在大家都提倡素质教育，可是‘分数唯上’还是教育的主流。中考当中，缺一分就不能被录取，你要想读，可以，拿钱来垫，少一分一万元。这种情况由来已久，积重难返，造成了恶劣的后果：评价一个学生，不论是老师、家长还是学生自己，都把标准放在考分上，结果大都学生也养成了为分数而学习的不良习惯。其实仅为分数而学习的学生是很难得到高分，即使暂时得到高分，但以后是不会有什么成就的，因为这是为老师学，为家长学，为应付考试而学，不是为自己学。这样的学习很难激发真正的学习兴趣，被动学习的效果，绝对没有主动学习好。”

张老师有感而发，一改刚才的儒雅，倒有点愤青的样子。杨略听了如沐春风，几乎要高喊：“理解万岁。”确实，在学校里，能这样说话的老师总能得到学生的爱戴。

张老师接着引经据典，说：“曾国藩虽然是科举出身，但是对科举还是很反感。他在给弟弟曾国荃的信中就说：幸亏他年轻时就中了进士，不然大好年华就浪费在无用的八股文之中，绝没有闲暇可以容他读有用之书，储备知识，以备他日后救国家于危难。”

杨略觉得是说出自己疑惑的时候了，他说：“既然这样，那我们为什么还要忍受考试的折磨呢？为什么不能像西方国家那样多给我们一点时间娱乐呢？为什么要剥夺我们快乐的童年呢？像韩寒那样自由写作不是很好吗？”

张老师一怔，知道这才是杨略此来的主要问题。于是他思考许久，才说：“其实我们接受的教育是生存教育，而不是快乐教育。因为只有进了有限的几所名牌大学，接受了很好的教育，才能在未来的社会中生存。而没有生存，哪里谈得上快乐呢？这是一个残酷的现实。

“所以抱怨考试是没有用的，目前的教育制度有其存在的合理性，在短期内是绝对不会改变的。你确实需要进入大学深造，接受大学里氛围的熏陶，成为有用的人才。而前提是，你必须经受中考和高考的磨炼。”

杨略有些泄气：说来说去，又绕回去了。不过张老师说的话句句在理，他心里也有些服气。他问道：“那么，张老师，你有没有正确的学习方法呢？”

张老师说：“学习方法其实没有正确错误之分，每一个人都有适合自己特点的学习方法。不过我觉得，学习态度其实是最重要的。所以你首先要树立一个观念：不要为分数而学习。

“就像我刚才谈到的茶一样，精髓都在于淡淡的茶香之中。如果你只是把眼睛盯在茶叶上，你怎么能知道形之外的神呢？学习也是一样，如果你只是把眼光锁定在分数上，你怎么能体会学习的快乐呢？

“我当年学语文的时候，因为有兴趣，我是背完一本《新华字典》，一本《成语词典》，还有《唐诗三百首》之类的。那时候基础打得扎实，因此语文成绩一直挺好。”

杨略有些吃惊，看着张老师的脸，心里还略略有些怀疑：“这样要花很多时间的，划算吗？”

“划算？学习又不是做生意，很多时候知识的提高都是潜移默化的。它需要有量的逐渐积累，然后才会有质的飞跃，不可能有立竿见影的效果！从前有个渔夫，他每天都在海滩上钓鱼，可是收获往往寥寥无几。一天，他突然发现身边的两块石头挺好玩的，便捡了放在口袋里。第二天醒来，他发现口袋里放射出夺目的光辉，取出一看，原来不知什么时候已经变成了璀璨的宝石。这时，他才后悔当时没有多捡一些。”

杨略似乎有所触动，眼睛看着窗外的飞鸟，沉思不语。

张老师顿了一顿，轻轻喝了一口茶，闭上眼睛细细回味了会，才接着说，“如果他当时一门心思只在钓鱼上，旁边的事情一概不管。他能得到比鱼还珍贵万倍的宝石吗？其实学习也是一样，如果你只把眼光盯在分数上，那么很多更珍贵的东西反而错过了。而这些东西，恰恰最能提高成绩，只是它们不会马上见效。我在背唐诗的时候，心里并没有想到这样做是为了提高成绩，只是觉得心里喜欢得很。后来我逐渐发现，它们确实对我产生了很大的影响。不仅成绩提高了，而且我也没有成为考试的机器。”

杨略抬起头，眼里闪烁着异样的光彩。

张老师看了心里也高兴，继续开导：

“前几年浙江大学校长提出一个著名的口号，说浙江大学要培养‘不伦不类’的大学生。你不要笑，所谓‘不伦不类’，就是让文科生多学点数学物理，而让理科生多接触文学艺术之类的。表面上看，文学对理科生的实验没什么帮助，而数学对文科生的写作用处也不大。这就像你刚才觉得背字典是个笨方法，对提高成绩帮助不大一样。其实，事实不是这样的。任何学科都有它的特点。数学物理讲究思维严谨、逻辑性强，这恰好能弥补文科生神游物外的轻浮个性；而文学艺术讲究的是突破前者，开拓创新。比如绘画，前人的油画讲究写实，而后来的艺术家比如梵高就不步人后尘，他们讲究印象，开出一条新路子。而这种精神，偏偏又是理科生所欠缺的。他们习惯于循规蹈矩，沿着老师指定的实验步骤做实验。所以，培养'不伦不类'的大学生，就是让文理科知识相辅相成，造就复合型人才。而未来的社会需要的就是这样的人才。一些专才就要被淘汰了。"

杨略插嘴说："可我还有不到一年的时间，我就要参加中考了。这点时间我能做那么多事吗？"

这才是他的心结所在！张老师回答："其实作业是做不完的，关键是要向作业要效率。在这个学期里，你一方面要把课本吃透。因为这是基础的基础。基础掌握好了，再做少量题目加以巩固，并及时加以总结，这样才有效果。比如化学中白色沉淀物就那么几个，全部找出来花点时间背下来，下次推断题中一看到有白色沉淀，心里就有数了。这样学习效率就能提高，自信心也能建立起来。而其余时间呢，你可以听听音乐，看看名家小说散文，这不仅能陶冶情操，让考前紧张心情化为心平气和。对于提高成绩，肯定也大有帮助。总而言之，不要把眼光盯在分数上，不要仅仅为分数而学习。把基础打得扎实，才能真正学到知识，而成绩自然也水涨船高。"

杨略微笑了，似乎有什么重担一卸而空。

出了张老师的办公室，他感觉豁然开朗。抬头看去，天空是那样高远，蓝得那样纯净明亮。一缕白云，被和风轻轻吹送，像轻纱一样，从远处飘来，到了头顶停住，似乎低回留恋，不忍离去；然后又逐渐散开，飘飘上升，融进又深又蓝的天空中去。

杨略觉得自己的烦恼也像那缕白云，被张老师的一席话吹散了，胸中是一片湛蓝空阔。

他回到教室，葛怡向他走过来，看到他容光焕发的样子，就笑问道："怎么了？掘到宝藏了？"

"比宝藏还宝藏呢。"

"收到美女的情书了？"

"我不记得你给我写信了呀？"杨略挤眉弄眼的。

葛怡瞪着黑亮的眼睛，不解地问："这和我有什么关系啊？"

"除了你，还有谁敢号称美女？"

葛怡娇嗔道："尽胡说。"脸上浮起淡淡的红晕。

他们向来这么无拘无束。

葛怡的手一直放在背后，现在伸到他面前。杨略一看，又是一封蓝色的信。可是今天还没到1号呢。也许是张老师假期有事外出，早点把信给他吧。他心里已确信倪甫清就是张老师无疑了，不过在刚才的谈话里，他没有挑明。因为很多事情心知肚明就够了。

葛怡斜着脸，淘气地问他："说吧，是不是情书？"

"哪有女孩子叫倪甫清的？"话音刚落，杨略心中突然咯噔一跳，倪甫清……可是细细回味，又不知道为什么。眼神就有些呆呆的。

"怎么了？是不是你又投稿了，人家给你寄稿费来了？快请客吧。"

杨略偶尔投稿，还曾经发表过一次，因此马上被誉为小作家。不过他对那篇文章很是不屑，觉得太小儿科，不足以显示自己水平。因此别人叫他小作家，他就觉得浑身起鸡皮疙瘩。

"没有啦，是一个老师写给我的信。问这么多干吗？"杨略还沉浸在刚才的回味之中，语气就不由自主地有些重了。

“不说就不说，有什么了不起。”葛怡嘟着嘴走了。

漂亮女孩子就是这样，情绪像是二月的天气，说变它就变了。等杨略回过神来，心中十分愧疚，想去道歉一声时，却看见葛怡已经气呼呼地走回座位上去了。

要是现在走过去道歉，肯定会被同学看笑话。在这个年纪，同学们对男女生的关系是十分敏感的。要是一不小心，落了话柄到余振凌霄他们嘴里，他们肯定会添油加醋，还说不定会把事情渲染成什么样呢。

杨略只得算了，坐下来拆开了信。

杨略：

见字如面。

等你看到这封信，我们现在已经是老朋友了。我现在出差在外，平时工作很多，而且身体也不大舒服，挂了几次盐水，所以很多客套话就不多说了。我们直接进入今天的主题吧。另外我把训练题也附在后面了，因为我确实不好麻烦别人跑两趟邮局。

张老师还真有意思，故事编得挺像那么回事，明明身在学校，却说出差在外，并且声称疾病缠身。看来张老师真的童心未泯，和他玩游戏呢。那就玩吧，我们谁也不挑明事实，来玩个捉迷藏，或者是侦探游戏。杨略心中一时也是童趣盎然，不由得微笑了，接着往下看这封信。

·懒惰，比操劳更能消耗身体·

今天我们来谈谈勤奋。首先，照例来看一个故事。

你想象一下这样的一个场景：蓝天之下，一片浩瀚无垠的沙漠，沙丘起伏，多像凝固的海涛，可这里缺少的恰恰就是水分。在烈日的炙烤下，黄沙升腾起淡淡的青烟。几株胡杨残败的朽木，像枯骨一样伸向天空。四周人烟全无，寂静得只有风的声音。一只雄鹰展开宽大的翅膀，在高空里盘旋，像一张枯叶在沙漠中移动。

这时，一个人出现了，他在沙丘上踽踽独行。衣衫褴褛，嘴唇干裂，骨瘦如柴，眼睛焦灼地看着前方。他在沙漠中迷失了方向，身边只剩下一壶水，他饥饿难忍，濒临死亡。终于，他找到了一间废弃的小屋。这间屋子已久无人住，摇摇欲坠。在屋前，他发现了一个汲水器，于是使尽全力抽水，可滴水全无。他气恼之极。忽又发现旁边有一张纸条，上面写着："你要先把你带来的水灌到汲水器，然后才能打水。"

原来，汲水器上必须灌满水，才能利用大气压将地下水抽吸上来。

这里说的虽然是件打水的小事，可细细品味，其中也包含着深刻的人生哲理——在我们的生命旅途中，只有付出，方能有收获。

农民只有在春天里播下种子，撒下汗水，到秋高气爽的时节，才能收获到沉甸甸的稻穗、金黄的玉米。运动员要想获得金牌，也需要日复一日枯燥寂寞地埋头苦练；而学生也是一样，只有每天花许多时间读书思考，才能获得知识，提高成绩。

这是极为简单的道理，甚至有些老生常谈的感觉，生性好动的你，可能又要嫌我烦了。可是我们在校园里，还是经常发现这样的情况：

学生考试挂了红灯，羞于回家，于是去找老师："如果我把这成绩拿回家，我爸爸妈妈肯定会生气的。老师，你能不能先给我一个好成绩，下学期我一定努力学习。我保证！"

这就如同农民不精耕细作，甚至也不播种，就立于田塍上祈祷："老天爷，如果今年丰收的话，明年我就好好耕种。"

这就如同你冬天里颤颤巍巍站在冰冷的火炉边，说道："火炉，先给我温暖，然后我会给你加上柴火。"

而这些无疑都是极其荒诞的。因为他们的意思其实就是想说："先给我报酬，然后我工作。"

可天下从来没有免费的午餐！

只有勤奋工作，才能获得安身立命的基础，只有勤奋学习才能获得优异的成绩。因为勤奋是走向成功的阶梯，是生命之舟上的白帆，是雄鹰借以翱翔天际的双翅。如果你羡慕班上优等生出色的成绩、老师的赞许、同学的钦佩，请不要忘记，在你玩得不亦乐乎的时候，也许他们正在静静地读着课文，做着习题呢。人们都羡慕那些杰出人士所具有的创造能力、决策能力以及敏锐的洞察力，但是他们也并非一开始就拥有这种天赋，而是在长期工作中积累和学习到的。在工作中他们学会了了解自我，发现自我，使自己的潜力得到充分的发挥。

我们的老祖宗早就说过："欲穷千里目，更上一层楼。"你如果想俯瞰大地，将"落霞与孤鹜齐飞，秋水共长天一色"的美景全收眼底，那么，请不要害怕登楼时的艰辛。

好了，我们回到刚才的故事里来。

那个人犹豫许久，心里琢磨：如果仅仅靠着自己的一壶水，他无法走出沙漠；如果把水倒进汲水器打不出水，那我马上会渴死。思来想去，横竖是个死，还不如博它一把。于是他拧开封口，小心翼翼地把水倒进汲水器，然后压动扳手。压了几分钟，满头大汗，水却一滴未出。

他绝望至极，但是他并不放弃，一味地只是压，直到十几分钟后，双手逐渐疲乏无力，终于见到甘泉缓缓流淌出来，清凉之气，沁人心脾。

原来在这种沙漠里，水都在地底深处。如果水正在半道上，而他却放弃了，那么水就会流回去，一切徒劳无功。

我们在学校里也可以看见一些学生天资聪慧，领悟能力也是极强。一首诗背三遍就能记熟，而有的学生则需要三十来遍。一段时间后，前者的成绩却可能不如后者。为什么呢？原因是那些天资聪慧的学生背完诗后，自诩天才，课后并不复习。而那些资质一般的人因为自愧不如，于是时时吟诵，终于烂熟于心，成绩自然就上去了。

一天的勤奋是容易的，但那只是扎扎实实向成功的宝座迈进了一步。若想真正将成功的桂冠戴在头上，必须不断地努力。否则半途而废，即使身在宝山，却没有毅力挖掘，也只能空手而归了。

所以，如果你认为自己是天才，如果你觉得一切都会顺理成章地得到，你只需站在原地伸手等待，那真是太不幸了。因为你将陷入懒惰的泥沼中去。

懒惰是什么？

“懒惰，像生锈一样，比操劳更能消耗身体。”美国的富兰克林如是说。

“懒惰能磨去才智的锋芒。”英国谚语如是说。

而对于懒惰者的惩罚就是，自己不能获得成功，而只能眼睁睁看别人戴上荣誉的花环。

王安石曾写过《伤仲永》一文，说是有个神童仲永，长到五岁，不曾认识笔、墨、纸、砚，有一天忽然写了四句诗，并且题上自己的名字。从此，指定物品让他作诗，他能立即写好。同县的人对他感到惊奇，都请他的父亲去做客，有的人还花钱求仲永题诗。他的父亲觉得有利可图，每天牵着仲永四处拜访同县的人，不再让他学习。可他长到十二三岁时，他写出来的诗已经不能与从前的名声相称。又过了七年，他的才能消失，沦为普通人。

仲永的天资比一般有才能的人高得多，但他最终成为一个平凡的人，这是因为他没有受到后天的勤奋学习。人生所或缺的不是才干而是志向，不是能力而是勤奋。所以，无论是天纵奇才，还是先天不足者，都时时当以此自勉。天才无需自傲，凡人无需自卑，因为凡人每日勤劳，积至十年，虽愚亦智。而天才久不用功，也会变得碌碌无为。

杨略看到这里，忽然想到自己的房间里挂着的一副对联：“书山有路勤为径，学海无涯苦作舟。”是爸爸特意请一个有名的书法家写的。当时爸爸将这副对联挂到书桌前时，还对他说了一席话。由于当时杨略特别烦腻爸爸的说教，所以只记了个模模糊糊。

现在回忆起来，爸爸好像说这两句名言是他在学生年代从书上看到的，那时书本极少，因此偶有佳句，就如获至宝，立刻抄录在自己的小本子上，并成了激励他整个童年时期勤奋学习的精神力量。另外还发了许多感慨。杨略也是频频点头，咿咿啊啊，敷衍了事。

可等爸爸出了房间，他却横竖看得不顺眼，现在同学中还有谁会把这种对联挂在房间里啊，几个字歪歪扭扭的，像几条爬虫，有什么好呢？还不如贴个樱木花道或者蜡笔小新的画像呢。

不过惧于爸爸的威势，那副对联一直挂着，熟视无睹，也感觉没什么了。不料今天这副对联却突然在脑海中浮现，并且发出耀眼的光芒来，如弓上弦，剑出鞘，充满英秀挺拔之气。

正在这时，上课铃声响了。说是铃声，不如说是音乐。因为以往的铃声太过于刺耳，现在改成了悦耳的和弦音乐，让人心情愉快。

由于明天就要放假，因此群情激动，大家的心思都已经不在黑板上。余振早就打点好行装，现在正一脸兴奋地和前后同学低声聊天呢，时不时咧嘴大笑，却又用手捂住嘴巴，把笑声生生地挡回去。凌霄今天倒是乖巧，双手叠在桌上，头朝向黑板。再仔细一看，发现双目紧闭，原来早已经见周公去了。

杨略一阵恍惚，以前自己也是那副尊容呢。当时还觉得很正常，甚至很酷，有个性。可现在隔着时空，用冷静的眼光去审视，立刻感到惭愧。但是他知道自己会改变的，而且，他已经改变了。

放学回家，爸爸在甘肃还没有回来。妈妈正要出门，她国庆节期间要去外婆家，现在去超市买些东西。他又只能一个人度过假期了。幸好他已经习惯独处。

他进了房间，把书包挂在墙上。取出几本书放在书桌上，整整齐齐。要在往常，他肯定是把书包往床上随意一扔，马上开启电脑，喝口饮料，开始网络游戏，先前是“传奇”，后来是“泡泡堂”、“兵乐团”之类的。

不过现在他已经很少开机了。他的第一件事情还是接着读信。

·并不是因为事情难我们不敢做，而是因为我们不敢做事情才难的·

有一篇仅有几百字的短文，自写成以来，一百年来风行不衰，激励着一代代胸怀大志的年轻人。这就是哈伯德的《把信带给加西亚》。

短文是这样写的：美西战争爆发后，美国总统麦金利必须立即和西班牙反抗军首领加西亚取得联系。此事关系战争全局。但当时加西亚正在古巴丛林之中，没有人知道确切的地点，所以无法写信或打电话给他。

“怎么办呢？”总统忧虑了。

“有个叫罗文的人，有办法找到加西亚，也只有他能找到加西亚。”有人告诉总统。

于是，他们找到罗文，将一封写给加西亚的信交给他。罗文接了信，二话没说，把它装进一个油质袋子里，划一条小船就出发了。四天后在古巴上岸，消失在丛林中。在接下来的三个星期中，他徒步走过了这个危险重重的国家，把信交到了加西亚手中——这些细节作者并没有多说，他强调的重点是：

罗文接过信后，并没有提出任何疑问：他在什么地方？他是谁？还活着吗？怎么去？为什么要找他？给我什么报酬？

——没有问题，没有条件，更没有抱怨。只有行动，积极而坚决的行动。

立即行动，成功就距离你最近。

我们的周围也常常可以听见这样的声音：“如果我初一的时候就认真读书，现在早就是前几名了。可现在已经是初三，只有一学期就要考试，再努力也是白搭。算了……”一个美好的志向就这样消解了，实在令人惋惜。其实，他应该做的就是马上行动。虽然行动不一定能带来令人满意的结果，但如果不采取行动，那就绝对没有满意的结果可言。

所谓“亡羊补牢，犹未晚矣”。当你意识到自己的不足，想要弥补一番，或者你有一个绝妙的创意，那么永远也不要说太晚，关键是马上行动，切实执行自己的想法，以便发挥它的价值。

有个人已经四十岁了，一天对朋友说："我想去学医，可是学完我就已经四十四岁了。"

朋友说："可要是你不去学，四年后你还是四十四岁啊。"

是啊，即使你不行动，时间还是无情地流逝，片刻不会停留。那么，何不在这段时间里努力进取，做出成绩来呢？因为不管想法有多好，除非身体力行，否则永远也不会有收获。

对一个胸怀大志者而言，拖延怠惰也许是最具有破坏性的，也是最危险的恶习。它会使人丧失进取心。原本打算今日起锻炼身体，可早上躺在温暖的被窝里不肯起来。有一位幽默大师说过："每天最大的困难就是离开被窝，走到冰冷的街道。"他说得不错，当你躺在床上，认为起床是一件不愉快的事，那它就真的变成一件困难的事情了。

拖延还有一个毛病，就是你一旦拖延，你就很容易再次拖延，直到积累成一种根深蒂固的恶习。今天要完成的作业，临下课也没有完成，于是告诉自己，明天再写也不迟。可是明天还有新的作业呢。于是未完成的作业越来越多，最终让人失去兴趣，也失去了完成的勇气。而这样做的结果就是再次拖延……如此便产生了恶性循环。而解决这一问题的唯一的方法就是：立即行动。不管现在堆积了多少作业，一一将它们完成。

我认识一个高中生，年纪也就十七岁，他在暑期曾经兼职推销商品。开学后告诉我他的心得。他说：

"挨家挨户推销确实有些难度，早上进行的第一次拜访尤其困难。在路上，我就担心着客户的态度会是怎样的，自己又该怎么应付，想着想着心里就开始紧张，等到了客户门口，却有些犹豫了。心里想：也许晚点拜访也没关系。于是心中忽然一轻松，在附近徘徊了一阵子，看看风景，买点东西，用来拖延拜访的时间。

"可想不到的是，我越是拖延，心里越是紧张，最后连脚步也迈不开了。于是心里又想：要不吃完午饭再去吧。等吃完午饭，我觉得不能再浪费时间了，于是一鼓作气走到客户门前按响了门铃，心里却突然不紧张了。接下来的事情一帆风顺，根本没有我想象中的那么难。

“所以，在接下来的几天里，我不再犹豫不决，拖拖拉拉，而是径直走到客户门口，拿着样品就按门铃，向客户说声‘早安’，并马上开始推销。这样，我的工作效率提高了，工作热情也提高了。这让我很有成就感。”

事实确实如此，一件事没做之前总让人觉得神秘莫测，困难重重，可当你真正放手去做，你会惊讶地发现，事情原来不过如此而已。如果罗文在接到任务时满怀疑虑，那么他的脚步还能那么坚定吗？既然立志要做一件事，那么，你何必浪费时间在徘徊不定上，而不立即行动呢？

须知：并不是因为事情难我们不敢做，而是因为我们不敢做事情才难的。

信先写到这里，我有些头昏眼花，可能是坐得太久了。可能真的是年纪大了，一连伏案写作几小时，对于我来说有些难度了。我得出去走走，舒展一下腰身。训练题附在后面。

祝你学习进步。

你的大朋友　倪甫清

9月28日

·趣味测试&魔鬼训练之行动力篇·

杨略，由于身体欠佳，训练题压缩为一题，这次我们的敌人是拖延。好了，我废话不多说，让主角出场吧。

[训练题]克服拖延习惯。

你是否在每天最后一刻才能完成作业？你是否发誓过克服拖延习惯？你是否在发誓之后旧病复发？如果是这样，你必须认真问自己以下的问题。假如你犯了二至三项毛病，可以断定，你很会拖延时间。

1. 怕困难而把艰巨任务拖到最后办理。

2. 卧室、桌子总是乱七八糟，经常不清理卧室和写字台。

3. 缺乏冒险精神，不愿改变环境。

4. 迟迟不能完成作业，或拖泥带水，点灯熬油开夜车。

5. 遇到棘手或吃力不讨好的事情便频频生病，或遭遇轻微意外。

6. 受到不公平待遇时，即使自己有道理或有权利申辩，仍忍声吞气，避免与人冲突。

7. 怨天尤人。

8. 以泼冷水或者挑刺的手法来拒绝接受某项任务。

9. 怀疑健康有问题，却不肯去检查身体。

10. 不能全心全意投入学习，而以学习乏味掩饰。

11. 新想法很多，但却从不付诸实行。

训练开始：

一、和爸爸妈妈一同进步。

观察爸爸妈妈日常生活中时常发生拖延现象并记录：

____

____

和爸爸妈妈一起分析拖延的危害性。如：

凡事拖延不止影响学习效率，赶时熬夜造成的精神压力对生理也有极大的危害，可导致胃病、血压高、精神紧张等心身疾病。

____

____

二、记录痛苦经验。

人通常是健忘的，为了避免重蹈覆辙，应把赶工时的痛苦经验(手心出汗、面红耳赤、头昏脑涨)记录在案头记事册上，时刻警惕自己。

____

____

三、分析学习压力。

学习或其他生活通常都有"旺淡时期"，有时忙得要死，有时较为轻松。

假如长期觉得心力交瘁，应重新编订学习程序，及早完成既定任务，腾出时间应付突发或艰巨的任务。假如仍没有改善的话，应考虑改变做事方式。不过，如果觉得学习有满足感、成就感，就会任劳任怨而不觉得筋疲力尽。

____

____

四、列出两套学习安排表。

无论学习或私事，大致上可分为两大类：一类是要在指定时间内办理的，例如上课开会，定期体检，看牙医等。另一类则可以随时办理，可以把这两类事情记录在案头日历或记录册内，以免忘记办理。

____

____

五、按部就班。

将当日要做的事情列在记事册的好处是能帮助其有条不紊的办事、上课、考试等，当然要准时；至于自由支配的时间可办理一般事务。要紧记一点，学习计划不要订得太紧密，否则会弄巧成拙，使其忙得不可开交。应尽量安排时间休息，以松弛身心。

____

____

六、一鼓作气。

万事开头难，可是踏出了第一步便不再如想象中那样困难。正如游冬泳，最困难是鼓起勇气跳下水，但跳进水中后便会犹疑全消。其实凡事拖延的成因除了行动滞后的特点外无非是恐怕失败或顾虑，而消除恐惧的办法是将任务化整为零。完成一部分任务后就会信心大增，斗志旺盛。

____

____

七、善用时间。

假如课间有大段时间，千万不要呆坐，应把握机会，稍事活动，或着手准备下堂课。

八、有条不紊。

要养成高效率的学习习惯，首先翻查记事册的工作程序表，然后把桌上的次要事物、次要材料收拾整齐，只放与主要学习内容有关的材料，随即集中精神去做既定安排的事情，查资料，写作业，认真复查，在有条不紊的过程中不知不觉将任务完成。

杨略做完习题，目光投向窗外，想清点一下自己以前拖延的事例，却突然想起中午的事情来。葛怡生气时的样子，还有自己怯懦而羞惭的样子，一一浮现在眼前。

原来我随时会犯拖延的毛病呢。杨略心想：如果当时马上去道歉，就不会在意别人说什么了，身正不怕影子斜嘛。无愧于心才是最重要的。

他马上拨通葛怡家的电话号码。这个号码他烂熟于心，虽然从来没有打过。

听着电话里的鸣声，他心里突然一阵心跳。自己也觉奇怪，平时与她说话百无禁忌，怎么打电话就紧张了。

“喂。”是葛怡清脆的声音。

“请问葛怡在吗？”话一出口，就觉别扭。自己明明听出了对方就是葛怡，何必多此一问呢？可是，我该说什么呢？

倒是对方落落大方：“我就是，你是杨略吧。找我有事吗？”

杨略镇静下来，却不知如何说才好，清了清嗓子，说：“也没什么事……”

“呵呵，瞧你这样子，还吞吞吐吐的。是不是有什么见不得人的勾当啊？”

此刻葛怡肯定笑颜盈盈，杨略心中一阵甜美，声音不由自主地柔和下来。

“今天中午我说话太冲了，实在抱歉得很。”

“就这么点小事啊。本小姐还不至于那么小心眼。”

“那你原谅我了？”

“嗯……原谅可以，不过有个条件。”女孩子总是会突发灵感。

“说吧，什么条件我都答应。”

“瞧你，答应得这么快，让人有点不放心。太容易作承诺的人，往往是不大可靠的。”

杨略有些着急，说：“我答应你的事情，什么时候食言了？”声音中就有了些酸味。

“呵呵，这倒是。你挺够哥们的。那我相信你了。”

“这还差不多。那你说吧，什么条件？”

“条件是……你告诉我，倪甫清是谁？还有你最近为什么变化这么大？”

杨略为难了：“我是想告诉你，可是……人家不让我告诉别人的。”

“哼！”对方又生气了，过会又说，“那……你不把我当成别人不就行了吗？”

不把我当成别人。杨略突然感觉一阵热流从心中澎湃而出，涌到身体的各个角落里去。

杨略将前因后果全盘托出，并说了自己的怀疑。葛怡听得有趣，嘴里就不时吐出语气助词，诸如：“啊哦……不会吧……晕倒……嗯……啊啊……”都是女孩子惯用的，可爱无比。

放下电话，杨略才发觉半小时悄然逝去，竟觉得十分快意。原来秘密和人分享、探讨，也是一件快事。他浑身充溢着力量，随意跳了段街舞，最后腾空一跃，落在床上，仰躺着看天花板。楼下的喷水池反射了阳光上来，在天花板上斑斑驳驳地波动，时如金蛇欢舞，百态千姿；时如小溪流水，照见卵石小鱼。杨略看得有趣，竟情不自禁地笑出声来。

葛怡……张老师……茶香……

他跳起来，到客厅取出爸爸珍藏的龙井茶，捏出一小撮放在玻璃茶杯里，倒上水，放在桌子上，静静地看茶叶仿佛从梦中被唤醒，伸了个懒腰，渐渐舒展开身躯，呈现出嫩绿的色彩。杨略突然想起春天里在外婆家门口看到的稻苗，在和煦透明的春风里轻轻摇曳，这一切都在圆形的山谷中，那不也像一杯茶吗，淡淡地散发着纯朴的香气。

原来神韵自在形体之外。张老师的话又在耳边响起。其实不光学习如此，人生不也是这样？在为事业奋斗的道路上，也应当学会欣赏路边的美景，这样人生才更有诗情画意，毕竟人并非只为事业而活着。

杨略把自己的心得写在了日记里。

第四章

一个懂得爱自己的人，他必然会爱别人。因为他知道，只有这样才能换来别人的爱，让自己心情开朗，生活温馨。“不行春风，难得春雨”，把自己的爱心真心纯心交付给别人，生命的天堂才会焕发光彩。一支蜡烛不因点燃另一支蜡烛而降低自己的亮度，甚至在点燃的瞬间，自己更加辉煌！

这一晚，时间刚过九点，杨略就躺在床上。将睡未睡之时，倏忽间，他发觉有人来到了他房间。定睛一看，是葛怡、余振和凌霄。葛怡一身洁白，余振和凌霄则穿黑衣，脸上不见表情，倒有点淡淡的蓝色，都与平时风风火火的穿着习惯不同。他们慢慢移来，拉上杨略的手出去，口中一句话没有。杨略心里奇怪，身体却不由自主地跟过去，飘飘然不费半点气力。下了楼梯，四人径直向前走去，往日的高楼大厦都不见了，只剩下一片森林。杨略倒有些开心，似乎觉得原该如此。林中怪石嶙峋，巨木参天，脚底是盘根错节，头顶不时有夜鸟的惊鸣。不见月亮，夜黑漆漆的，风把他的衣服撩起来，一股寒气直从后背上钻进去。他打了个冷战。

眼前忽然隐隐有光线透露出来，林中就有了一层淡淡的蓝雾，如炊烟弥漫，一切皆是那般缥缈无定。慢慢走近光源，却发现是奶奶家。回头看其余三人都已不在，却不知何时走开的。杨略心里害怕，直走过去推来了门，一支蜡烛点在烛台上，幽幽地跳动。怎么家里不点电灯呢？杨略觉得奇怪。再看时，奶奶正就着烛光纳鞋底，满脸的皱纹勾勒出慈祥的表情。突然见了亲人，杨略从恐惧中挣脱出来，扑上去，要抱住奶奶。这时却发生了一件更骇人的事情，他发现自己的手宛如空气，碰到奶奶身上，却毫无阻滞，轻轻滑过，仿佛没有触到什么。他着急地大喊，奶奶也全没有反应，依旧一脸安详地穿针引线。

这是怎么了？他急急地奔回家，一路穿过密林，只觉身体越来越轻，后来竟飘飘地从树梢间纵跃着前行，惊起更多的山鸟，在林中嘎嘎地乱啼。到家时，门正紧锁着，他抬手敲门，却发现拳头直渗透进门里去，于是不假思索，整个人往里一冲，还是没有一点阻挡，就到了客厅里。他看见爸妈正在看电视，口中交谈着什么，似乎不知道杨略的出现，对杨略的喊叫也完全置若罔闻。

杨略绝望了，觉得孤独无依，想去找刚才带他出去的葛怡余振三人。也不走楼梯，直接从窗口一跃而下，飘飘摆摆，并不落在地上，直接就在空中停留，他想东便东，想西便西，正觉得有些快意，突然一道闪电划过，他一惊落地，再也飞不起来，浑身像挂了无数铅块。又一道闪电，映出面前的一个黑影。细看，是个全身着黑的人，低着头，长发垂下，将脸遮住。

杨略稍稍有些心安，想对他说话。却见那人缓缓抬头，头发往两侧分开。又一道闪电劈过，只见一张惨白的脸，眼眶里空空无物，有几条白色的蛆虫上下流动。嘴巴咧开，有个声音从中飘出："嘿嘿，你已经死了，现在和我一样了。快到我这里来，哈哈……"声音像夜枭一般粗涩刺耳。

杨略尽管已经知道了发生什么事情，但还是骇然失色，往后疾走，却苦于抬不起腿。杨略一时惊慌失措，只见那人，不，那物缓缓移来，向他伸出尖利的指甲。杨略喊道：

"不……我不想死，我还有好多事情没做呢！"

一语未落，旁边突然出现葛怡三人，竟也是对着他冷冷地笑着，幽蓝的脸上说不出的诡异。

"救救我，大头，葛怡，凌霄……"

杨略大叫一声，扑了起来，竟发现自己坐在床上，被子被蹬下床去，自己是一头一身汗，这才明白刚才是一场梦魇。看房间动静，睡眼迷离，发现四壁上有什么晃动，忽大忽小，变幻无常，杨略毛骨悚然，极度恐怖。晃晃脑袋再看时，原来是远远的街灯亮着，将窗外枫香树枝映影在墙上。

妈妈推门进来："略略，怎么了？"

"没什么，刚才做了个梦。"

"什么梦啊，把你吓成这样？"妈妈坐在床边，关切地抚摸他的头。

"梦倒没什么……妈，如果你死了，你心中最大的遗憾会是什么呢？"

妈妈有些生气，说："什么死不死的，尽瞎想，喝杯水早点睡吧。"

妈妈掩门出去了，杨略心中却不安，梦境还历历在目。

是啊，当我死时，我最大的遗憾是什么呢？是作家的理想没有实现？还是没有挣够钱？还是……想了很久，直到脑袋发涨，这才沉沉睡去。

第二天上学见了余振、凌霄，先是大骂："你们两个昨天晚上把我带哪里去了？害得我都成孤魂野鬼了。"两个人丈二和尚摸不着头脑，面面相觑，继而回唇反击："你小子不会是神经错乱了吧，大白天说胡话。"杨略也不生气，吃吃地只是笑。

这时葛怡进来，看他们这么热闹，就问怎么了。

杨略就说："昨晚你也有份，你们三个装神弄鬼的，把我从家里带到深山老林里，自己却跑开了，吓得我要死要活的。"

三个人来了兴趣，忙问："到底是怎么回事？"

杨略就添油加醋地把梦境抖落了出来。他的口才极好，说梦倒像是在讲鬼故事，教室里一时阴风恻恻。旁边的同学也安静了，围拢过来听他讲。

余振听完，说："我还以为什么呢，原来是个梦。没劲没劲。"

葛怡却说："我倒觉得这个梦很有意思，做梦时灵魂出窍也是正常的。不是有个作家说，睡眠是短暂的死亡吗？"

凌霄起哄："哟哟哟，越说越玄乎了，吓得老孙小心肝扑通扑通的。"

杨略说："其实这个梦我倒想了很久。当你临死的时候，最大的遗憾是什么？你们说说，如果你现在坐在一架即将坠毁的飞机上，机长让你们写下这辈子最大的遗憾是什么，你们会怎么写呢？"

凌霄说："杨驴，你什么时候成了哲学家了？看来老孙刮目相看还不够，起码得刮心刮肺了。"

余振说："要是我啊，最大的遗憾肯定是没有找到女朋友，嘿嘿。"

"没出息，"葛怡伸伸舌头说，"我的遗憾就是上错飞机了。哈哈。"

旁边的同学有说没有开公司赚到一百万的，也有说没有游完名山大川的，更有甚者，说是没有中体彩大奖，抱憾终身。

这时，陈高照搭话了。他是从农村转学过来的，瘦瘦小小的，平时总穿一件肥大的灰色夹克。学习极其刻苦，成绩稳居前几名，是班主任时常夸奖的人。不过他性格有些孤僻，平时独来独往，很少说话，让同学们不敢接近。而今天难得开口，同学们自觉地闭了嘴，听他一个人说。

陈高照发现旁边突然安静下来，倒不好意思了，脸上一片红晕。

葛怡鼓励他："说吧，大家都是同学呢。"

陈高照镇定了一会，似乎下了很大的决心才说："我最大的遗憾就是没能孝敬爸妈，他们为了供养我读书，太辛苦了。我妈妈身体不好，又舍不得上医院，只是胡乱吃点药，身体好一阵差一阵，也不能下地干活，才四十岁头就白了。爸爸为了多赚点钱，跑到城里来打工。他没有文化，又没有什么关系，只能在工地上干重活。暑假里我去帮过忙，那么热的天，工地上架着的钢管，手放上去滚烫滚烫的。而爸爸拿钢筋的时候，手中得戴着厚厚的手套，一副手套戴不了两天就磨破了。我亲眼看到过他手掌上烫出的泡……"

高照说得动情，眼泪就扑簌扑簌地滚落下来。杨略眼眶里也潮潮的，抬头看看葛怡，她也正擦着眼泪呢，脸上像莲花带了露珠。

高照继续说："爸爸为了我的学习，托了许多关系，花了很多钱，才让我进了这所重点初中，为的是以后能上重高，考好一点的大学。我知道他在拼命地赚钱，平时省吃俭用，一分钱掰成两半花。而我的生活费他从不吝啬，也从不在我面前说他的艰辛……其实我心里最明白了。所以如果我现在就死了，我最大的遗憾就是没能回报他们……"

他哽咽着说不下去了。他也觉得有些奇怪，平时他内心里很自卑，不愿意让同学知道自己的家境，因此说到家里的事情就躲躲闪闪，也从来没有带同学去他家玩过；可今天全部倾吐之后，心里却觉得轻松多了。

周围也是一片沉默，唯有几个女生的抽泣声。突然有人鼓掌，像一枚石头扔进湖面，顿时激起一圈圈的涟漪一样，整个教室响起了一片掌声。直到上课铃声响起，他们才回过神来。

同学们纷纷回到座位上，就发现张老师正站在门口，一手拿着英语书，一手抹着眼泪。原来他已经在门口站了很久。

张老师走上讲台，等起立致敬完毕，他说："同学们，刚才我听了陈高照同学的话，他和父母之间的爱，让我非常感动。确实，谁言寸草心，报得三春晖。父母的爱博大无私，是需要我们用心报答的。

"不过我还想说的是，陈高照同学，你光爱你的父母是不够的。在生活中最重要的事情是学着怎么把爱给予别人，同时也接受别人的爱。人们总是渴望着爱的滋润。这种爱不仅仅包括亲人间的爱、朋友间的爱、恋人间的爱；这种爱更为广泛，它是全人类之间的爱，而正是这种爱，让世界交织在一起，一起沉浸在人与人之间的温情之中。你平时不大和同学说话，也很少参加班级活动，你觉得你父母希望看到你这个样子吗？我觉得每个做家长的人，都希望自己的孩子不仅有优秀的成绩，还有活泼的性格，众多的朋友。"

张老师说得激动，同学们陷入了更深层次的思考当中，感觉灵魂受到了洗礼。

放学后，因为明天是星期六，杨略没有立刻回家，而是和葛怡、余振、凌霄三人来到了学校附近的公园里。公园有一半在山上，空气清新，因此散步的人很多。

今天是十月的最后一天，江南秋意正浓。山坡上覆盖着的松、杉、竹、榉等多种树木，既有深沉的绿色，也有黄色、红色和由黄转红的各种颜色。这众多的颜色错杂在一起，就形成了一幅色彩斑斓的画面。树与树之间，蜿蜒着一条狭长的小路，一阵风过，路上就铺满了金黄的叶子。

四个人踩着落叶，听着沙沙的声音，若有所思，都没有说话。

杨略恍惚觉得，这就是昨晚来过的地方，看看身边的三位，不由得一笑。

葛怡见了，就问："杨略，笑什么呢？"

杨略说："没什么啊，昨晚我好像来过这里。呵呵。"

余振说："切，张口闭口你的梦。"又是一阵打闹。

葛怡说："我们说点正经的吧。今天听了陈高照还有张老师的话，我也想了很多。我们都是独生子女，平时光希望别人来关心自己，很少会有关心别人的念头。我挺想改变一下这种状况的。"

杨略说："我很赞同你的看法，不过你准备怎么改变呢？"

葛怡大眼睛一转，淘气地说："我先不说，我们每个人把自己的想法写下来，看看谁的主意最好。"

这有些像三国演义里的一个场景：周瑜和诸葛亮在探讨破曹战略时，先不声张，各自在手掌上写下计策，然后一起亮出手掌，结果两人写的都是"火"字，正所谓英雄所见略同，于是相顾大笑。几个男生听了这样的主意，也是纷纷叫好。

各自掏出笔纸，沉思一会，动笔写了几字，就交到葛怡手中，然后听葛怡一个个地念："余振，资助陈高照。凌霄，爱心捐款。杨略，给陈高照捐款。葛怡，举办爱心捐赠活动。哈，我们的主意全都一样。"

四个人就你看看我，我看看你，一阵会心的笑。

主意一定，杨略调兵遣将，如此这般吩咐一下，几个人都分配到了任务，就各自回去活动了。杨略回到家里，心里还是热乎乎的，就把事情经过，以及自己的主意都告诉了爸妈。爸爸马上表示赞许，并掏出一沓钱，放到杨略手中。平时杨略的零用钱虽多，但每次爸爸给他钱，总要叮嘱再三，事后还要核实钱的去处，从来没有现在这样爽快的。

妈妈在一旁说："略略，你做好事，我们都是大力支持的。"

次日清晨起来，爸爸还睡着，他从甘肃回来后，人憔悴了许多，妈妈心疼得不行，一定要他在家好好休养一些时间。爸爸也就同意了，公司那边由几个得力助手主持着，倒也运转顺利。爸爸也安了心，在家一住就是半个月。现在妈妈已经起来做早饭了，杨略独自出去在花园里跑步。回来时开了信箱，发现了倪甫清的来信，奇怪的是，今天的邮票上居然没有盖邮戳。也许是工作人员忘记了吧。

吃完早饭，爸爸还没有起来。他就回到房间拿出信来看。

杨略：

见字如面。

听完你班上昨天发生的故事，我真的非常感动。原本在这封信里我是要和你说说自信的，不过我现在决定先谈爱心。因为现在像你这样半大的孩子，大部分都是独生子女，平时以小皇帝自居，处处以自我为中心，所以最缺乏的往往不是自信心，而是爱心。

我们还等什么呢？马上开始今天的课程吧。

·爱心让世界变成天堂·

我们先来看一则故事。

一个人想看一下天堂和地狱到底有什么区别。于是他先来到地狱。地狱装饰得富丽堂皇，只是这儿的人一个个看起来面黄肌瘦，有气无力。吃饭的时候到了，他们全都围坐在一个大汤锅前，每人手里执着长长的勺柄，但由于勺柄太长了，无论他们怎样拼命往嘴里送，结果也是枉然。

然后他来到天堂，天堂的建筑和装饰与地狱并没有什么区别，只是这儿的人一个个红光满面，神情悠然，显得幸福而满足。他开始觉得纳闷，到了吃饭的时候，他才恍然大悟。他发现天堂的人同样手执着长长手柄的汤勺，也是围着大锅吃饭，但天堂的人却把舀到的饭送到对面人的口中。

相信你看完之后肯定会有许多感慨。是的，我们常常吝于帮助别人，却不知道，帮助别人其实正是在帮助我们自己；在前进的路上，搬开别人脚下的绊脚石，有时恰恰是为自己铺路。

一个懂得爱自己的人，他必然会爱别人。因为他知道，只有这样才能换来别人的爱，让自己心情开朗，生活温馨。“不行春风，难得春雨”，把自己的爱心真心纯心交付给别人，生命的天堂才会焕发光彩。一支蜡烛不因点燃另一支蜡烛而降低自己的亮度，甚至在点燃的瞬间，自己更加辉煌！

一次出差，在火车上认识了邻座的一位妇女。旅途漫长而寂寥，于是她给我们讲了一个她亲历的故事。当时这个故事让我们旁边的人都感动不已，因此我至今记忆犹新。

十年前，她还是个女孩，是一个餐馆的服务员。一天晚上，一个学生模样的人走进她们餐馆，手里提着一大包东西。他虽然穿着西服，也打了领带，但却已有些褶皱，人也显得疲惫不堪。他坐下以后并没有要饭菜，只说要喝一杯开水。她看出来他饥饿的样子，于是给他端出一大杯鲜奶来。他也不细问，就将它喝下了，然后问：

“我应该付多少钱呢？”

她回答道：“不用了。今天我请客。”

他什么也没说，只是静静地看了她一眼，然后走了。

一个月前，她病情危急，当地医生都束手无策，家人终于将她送进大都市，以便请专家来检查她的病情，他们请到了著名的张医生来诊断。

当他听说，病人是某某城的人时，他的眼中充满了奇特的光芒。他立刻穿上医生服走向医院大厅，进了她的病房。医生一眼就认出了她，他立刻回到诊断室，并且决心要尽最大的努力来使她康复。从那天起，他特别观察她的病情。

经过一段漫长的奋斗之后，终于帮她摆脱了病魔。最后，财务结算室将出院的账单送到张医生手中，请他签字。医生看了账单一眼，然后在账单边缘上写了几个字，就将账单转送到她的病房里。后者不敢打开账单，因为她确定，需要她一辈子才能还清这笔医药费。但最后她还是打开看了，她看到了这么一句话："一杯鲜奶已足以付清全部的医药费！"签署人：张利民医生。

她一下子明白了，眼中充满了泪水。

后来，张医生又与她见了面，说起十年前的事情。当时他还是个穷大学生，父母相继离开了人世。为了生活费，他挨家挨户地推销货品，但是缺乏经验，货品并不受人欢迎。一天晚上，他的肚子很饿，而口袋里已经没有一分钱。在大街上徘徊半天，最后下定决心，要向街旁的房店要餐饭吃。然而当一位年轻的女孩子打开门时，他却失去了勇气，他没敢讨饭，只要求一杯水喝。善良的女孩却给了他一杯鲜奶，并且没有收钱。当他离开那个餐馆时，不但觉得自己的身体强壮了不少，而且信心也增强了起来。在以后的求学生涯中，他总觉得有种温情滋润着他，激励着他上进。

妇女讲完故事，车厢里的人没有人说话，大家都静静的。我当时突然觉得，我和旁边的人都如此亲近，那一张张原本陌生的脸孔，在这一刻都变得无比亲切。因为故事中浓浓的爱心，像水一样融化了人与人之间的纸质的藩篱，让我们的心一下子都贴近了。

"只要人人都献出一份爱，世界将变成美好的人间。"

这个故事不是这句歌词的最好诠释吗？奉献爱心，是每个人都很容易做到的事。一句话、一个微笑、一杯鲜奶就够了，这对我们并不损失什么，却可能帮助别人走出困境，同时也美丽了自己的一生，何乐而不为呢？我们在这个世界上生活，没有一个人是置身荒岛的，我们互相需要，当我们在帮助别人的时候，自己也已经赋予自己的存在以一种更深刻的意义，生活由此而变得丰富多彩。

所以你在学校里不仅仅要学习知识，更要学习如何更好地生活。如果你身边有家境困难的同学，你们帮助了他，让他不为金钱而烦恼，以后有个更辉煌的前程，你不为之兴奋吗？如果你身边的同学有行走不便等生理缺陷，你若能帮他打打饭，扶他上下楼梯，他将会多么感激你。而你在帮助他的同时，也净化了心灵。

人的一生就应该是施与爱的一生，这样我们才能活出真正的自我，获得一个充实而美好的人生。

·一个人的感激，值百万美元·

人活在天地之间，自然赋予了我们环境与食物，父母赋予了我们生命与灵魂，老师赋予了我们理想和知识，朋友赋予我们友谊和欢乐，书本赋予我们修养和思想……

作为一个人，我们的生存和成长，承受了多少恩惠啊，而且有许多，我们一辈子也无法偿还，无法回报。因此，我们必须充满感激之情。感谢父母的生育、养育之恩；感谢学校、社会、企业的教育培育之恩；感激领导、同事的关怀帮助之恩。

一个人只有充满感激之情，才会树立积极的心态，确立远大的志向和抱负，以自己的行动去回馈方方面面，才会充分发挥“真、善、美、爱”的人性优点，克服“假、丑、恶、恨”的人性弱点，除去“对人不知感恩，对己不知克制，对事不知尽力，对物不知珍惜”的现代人的心病。

感恩之心的强烈和升华，是心灵得到洗礼的结果。

唐代诗人孟郊写过一首《游子吟》，就是一曲对父母之爱心存感激的颂歌：

“慈母手中线，游子身上衣。
临行密密缝，意恐迟迟归。
谁言寸草心，报得三春晖？”

父母之恩重如泰山，而且从来不计回报。我们确实无法偿还那春晖一样浩荡无边的恩情，那我们更应该满怀感激。前些年，一曲《常回家看看》，用朴素的歌词唤起现代人对父母的情意。多少奔波于生计的人，突然想起自己

> **知识点链接：**
> 孟郊，唐朝诗人，其为诗惨淡经营，苦心孤诣，多穷愁之词，即苏轼所谓“诗从肺腑出，出辄愁肺腑”，属苦吟诗派，继承杜甫而别开蹊径。而《游子吟》一诗则浅白如话，饱含着浓郁醇美的诗味，情真意切，引起万千游子的共鸣。

已经很久没有回家看看父母了，一时悔恨交加，于是踏上回家的路途。

古人云："子欲养而亲不待"。意思说当我们意识到要孝敬父母时，他们却已经不在。人生还有比这个更让人觉得遗憾的吗？所以我们要趁父母康健的时候，多与他们相处，和他们一起享受天伦之乐。

我也常常对同事说，应该常回家看看爸妈。他们常常不以为然："有什么好看的，忙都忙死了……"

我说："其实你回家，最重要的是让父母看看你。"

同事很感意外："我怎么没有这样想过？……"

对父母应该如此，对每个于己有恩的人也都要这样。中国向来以"滴水之恩，涌泉以报"为行为准则。韩信少年落魄，常常是吃了上顿没下顿。一天在河边，确实饥饿难耐，几乎昏倒在地上。此时，恰好一个洗衣妇经过，手里拎着午饭。她看到一个小伙子饥寒交迫，就把自己的饭给了韩信。若干年后，韩信辅助刘邦建功立业，名动海内。当他衣锦还乡时，想起少年时的一饭之情，于是专程去寻找那位妇女。可是妇女已然逝世，不过她的子女还在。于是他赏赐给他们千两黄金，以报答当年活命之恩。这就是"一饭千金"的故事，几千年来一直让志士仁人们津津乐道，传为美谈。

知识点链接：

韩信，本是淮阴一小无赖，少时家贫，常从人乞食，曾受"胯下之辱"。后秦末天下大乱，投项梁起兵。项梁死后，归属项羽，任为郎中。数向项羽进策，均未见纳，遂离楚归汉。初未得重用，任为治粟都尉。原与萧何相识，颇为其所敬，并向刘邦力荐，因得重用，大展平生之志。破魏灭齐，立下赫赫战功，后来又于垓下大败项羽。刘邦虽用韩信而心存疑忌，故在项羽败亡后，即夺其兵权，徙为楚王，继又黜为淮阴侯，软禁于刘邦身边。公元前196年，吕后诱韩信至长乐宫的钟室，以谋反罪名杀之。一代名将，死非其所，实堪哀伤。

在我们的生命旅途中，肯定会得到许多人的帮助，这些人可能是同学，可能是朋友，可能是老师，也可能是工作时的老板、同事。我们要对他们心怀感激，因为正是他们，给我们以潜移默化的影响，让我们茁壮成长。所以，感恩不但是美德，感恩是一个人之所以为人的基本条件！

而今日年轻人，自从来到尘世间，都是受父母的呵护，受师长的指导。他们对世界未有一丝贡献，却牢骚满怀，抱怨不已，看这不对，看那不好，视恩义如草芥，只知道仰承天地的甘露之恩，不知道回馈，足见其内心的贫乏。

其实人与人之间总是互动的，当别人帮助了你，你对别人表示感激，对方会有认同感和成就感，让他体验到了幸福的感觉，觉得和你在一起是愉快的，自己的努力没有白费。于是他会给你提供更多的机会和帮助。简而言之，你对他的感激使他感到了自己的价值和地位。一位政治家说过，一个人的感激，值百万美元。这位政治家的成功，不仅因为他有高尚的人格和出众的才华，经常向别人表示感激是其中重要因素之一。

·一个人总是变得像他所爱的那个阶层和群体·

在海滩上，我们常常可以看到一些孩子玩一种“沙堆房子”的游戏，每一个小孩都堆了一个房子，并且极力地维护着自己的房子，愈堆愈高、愈围愈大，而且还绝对不许别人来碰；要是一不小心弄倒了别人的房子，对方总是又哭又叫地吵个不休。可是天黑了，每个小孩却都会各自将自己的房子推倒，高高兴兴地回家去了。

在每个人的生命里，都会塑造一个属于自己的房子，而且也是绝对不允许别人来侵犯的。这也许是人的天性，需要建造一个封闭的空间，给自己以安全感。可是这种封闭，也造成了人与人的疏远。

幸运的是，小孩的房子到了天黑就各自推倒，高兴地回家了，可是大人的房子，却往往要守到生命的终结，才肯撒手不管。

在有生之年，何不敞开自己的房子来接纳别人呢？让我们拥有更多的朋友，欢迎他们来我们的房子里做客，我们也常常去他们那做客。我们会发现，我们多了一个朋友，就会多增加一处房子。当危机袭来，我们就多了一个安全的去处，在那里有温暖的火炉驱走你的寒冷，有美味的佳肴消除你的饥饿。而更重要的是，在那里有一颗心温暖着你的心，在你遭受打击时，会发现希望还存在，人间还是无限美好的。

一个人的力量有限，要成就伟大的事业，必须要有崇高的友谊。恩格斯和马克思的友谊正如列宁评价的那样："古老传说中有各种非常动人的友谊故事。欧洲无产阶级可以说，它的科学是由这两位学者和战士创造的，他们的关系超过了古人关于人类友谊的一切最动人的传说。"的确如此，在从事无产阶级解放斗争这个"合伙的事业"中，恩格斯和马克思结下了人类最崇高的革命友情。

而一个自私自利的人，是不会有友谊的。因为良好的友谊并不是自然恩赐的。你要别人成为你的好朋友，你就必须成为别人的朋友，一起面对困难，一起分享快乐。我曾经有个同学，才华过人、聪慧机敏，又是一表人才。但是他却并不讨人喜欢。因为他几乎完全是以自己为中心的，从来也不会为别人考虑。一次，我们约定时间出去春游。可是我在车站等了半天也不见他的踪影。我等得不耐烦，当时电话又不普及，于是跑到他所在的寝室。他也只是轻描淡写地说他临时改变计划，不想去了。但是他却没有和我说一声。这样的事情发生了好几次，我只好不再和他做朋友了。

所以，我们需要择善而交。一条古老的印度格言说："一个人总是变得像他所爱的那个阶层和群体。"中国也有"蓬生麻中，不扶自直；白沙在泥，与之俱黑"这样的至理名言。想想看，这些话多么有道理。因为我们总是受和我们在一起时间最长的人影响最深。

同消极悲观的人在一起，我们无形中也会变得消极。他们总是在喋喋不休地提醒我们不要做这个，不要做那个，说出一大堆令人沮丧的话语来牵绊你的脚步。并且，他们还以为自己是一片好心。可我们听完这些话以后，很可能感到沮丧透顶，再无斗志了。

而同那些积极向上的人交往，你会有什么感觉呢？他们会激励我们发挥自己的长处，激发我们的思维，指出我们的缺点。总之，他们会让我们觉得焕然一新，浑身充满了力气，鼓起信心追求我们的理想。这样的朋友会给我们的生活增添无限的活力。

真正的朋友仿佛两根蜡烛，他们散发出光辉，互相照亮着对方。所以，我们要多交一些积极向上的朋友，远离那些使人沮丧消沉的人。这样，我们才能够更快地到达成功的彼岸。

我连夜写好了这封信，因为心中感慨良多，写的时候居然有倚马千言的速度。关上电脑，将信打印出来以后，再看看钟表，已经是深夜12点了，可我毫无睡意，于是点了一支烟，在淡蓝的烟圈中，看着窗外的宁静夜色。今晚没有月亮，星星就格外明亮。星空之下，城市正在酣眠。窗外的花盆里，忽然传来清脆而幽深的蛐蛐鸣叫声，我想起遥远的故乡，和更遥远的童年。

这是怎么平和温暖的世界啊，尽管有许多丑陋的地方，但还是值得我们去爱，去建设，去修正。

我多么希望在你们这一代中，世界会变得更加美丽和谐。

下面是今天的训练题。

·趣味测试&魔鬼训练之爱心篇·

[训练题一]爱心天堂。

朗读并背诵，使之成为内心发出的声音。

我感谢关爱我的人，他让我得到了幸福；
我感谢让我爱的人，他让我学会了珍惜；
我感谢藐视我的人，他唤醒了我的自尊；
我感谢不爱我的人，他让我懂得了自爱；
我感谢伤害我的人，他磨炼了我的意志；
我感谢欺骗我的人，他增进了我的智慧；
我感谢中伤我的人，他砥砺了我的人格；
我感谢鞭打我的人，他激发了我的斗志；

我感谢遗弃我的人，他使我学会了独立；
我感谢背叛我的人，他成熟了我的判断；
我感谢绊倒我的人，他强化了我的双腿；
我感谢斥责我的人，他提醒了我的缺点。
我感激所有使我成长的人！

列出所有需要感谢的人，并感谢他们促使了你的成长。

关爱我的人：________________
让我爱的人：________________
藐视我的人：________________
不爱我的人：________________
伤害我的人：________________
欺骗我的人：________________
中伤我的人：________________
鞭打我的人：________________
遗弃我的人：________________
背叛我的人：________________
绊倒我的人：________________
斥责我的人：________________

我感激你们！

你做好题目了吗？今天的信先到这里。
祝你学习进步。

你的大朋友　倪甫清

10月30日

杨略看着信，心中觉得十分痛快。因为他这几天心中有很多感触，却还处于模糊的状态之中，就像一块块粗粝的矿石，尽管明知里面有宝藏，却并未显露出光彩。而这封信像一双灵巧的手，将这些矿石雕琢成晶莹璀璨的玉石，一下子照亮他的心灵。

“是的，是的，就是这样的。”他不断地说。

当他读到要满怀感激之情的时候，他对照了自己。从小被长辈宠爱着，他往往觉得，长辈为他做的事情都是应该的，因此从来没有表示感激。爸爸给他买了新玩具，妈妈给他买了新衣服，他觉得理所当然；外婆给了他压岁钱，奶奶把水果糖藏起来留给他，他觉得理所当然；老师下课后单独给他补课，他不仅不感激，还觉得好烦人；同学借他童话书，他也漫不经心，有时还会把书弄丢，心里还想：这有什么呢，不就一本书吗？

他把一切恩情和慈爱都看成理所当然的事情，而自己是他们的中心。可自己真的是中心吗？为什么他们要为自己服务呢？还不是出于他们对自己的爱与关怀吗？而自己曾回报他们什么呢？

他又想起前天晚上的梦，以及陈高照的一席肺腑之言。自己的爸爸尽管没有去工地做重活，但是每天为了这个家奔波于各种场合，劳心劳力，自然也是辛苦得很。妈妈时常要加班，救死扶伤，小时候杨略经常等着妈妈回来，等着等着就睡着了，再醒时已是深夜，妈妈抱着他熟睡了。还有外婆，记得小时候自己在乡下突然发高烧，是外婆半夜三更背着他跑了四里多的山路，送到医院，由于送得及时，那次高烧才没有留下后遗症。

如果自己现在死了，自己最大的遗憾不也是和陈高照一样，没能好好回报他们吗？

他脑海中浮现出余振大大的脑袋、凌霄挤眉弄眼的脸，他们两个虽然顽皮，但是心地是非常善良的。然后，他又想到葛怡温暖的微笑。这个美丽的小女孩，曾经为自己成绩的下滑而着急，现在又为自己的振作而欢欣。接着，陈高照瘦小而坚韧的脸也出现在脑海之中，他尽管独来独往，但是他坚忍不拔、努力学习的性格，自然而然地影响了自己。他们都是自己的好朋友，给自己的生活和学习带来了无限的欢乐。

那么多亲情和友谊，我该如何回报呢？

也许只是一个眼神，彼此心领神会。也许只是一句体贴感恩的话，比如“妈妈辛苦了”“谢谢你”之类的，像淡淡的春风，一下子让大家的心灵感到温暖。

可自己一直以来总是觉得开不了口。不过今天我要改变自己了。

他擦去泪水，走出房间，看到妈妈已经把早饭做好了，餐桌上摆满了食物，有面包、牛奶、花生、荷包蛋之类。真正的爱原本就在于衣食住行这些小事情上，而我们平常都太容易忽略了。

杨略对妈妈说：“早饭好丰盛啊。谢谢妈妈。”

这句话是直接从内心里出来的，因此丝毫没有不自然的地方。反而是妈妈觉得有些惊讶，因为她以前从来没有听见杨略这样说过。看着杨略真诚的眼睛，她心中感到十分愉快，说：“略略真懂事。”

杨略心里也觉得温暖。

这时爸爸洗完脸出来了，他恢复得不错，双目炯炯有神了。想起半个月前，他刚从甘肃回来时，总是捂着胃说不舒服，饭量锐减，脸色就显得蜡黄，眉头紧锁，皱纹也刻得更深了，与离家前的爸爸判若两人。

杨略迎上去。“爸爸，今天精神不错啊。快来吃早饭吧，以后一个人在外面也要吃早饭的。不然你身体不好，不知道我和妈妈有多担心呢。”

爸爸微笑了，说：“好，就凭略略这句话，我以后每天乖乖吃早饭。”说着用手抚摩杨略的头发。杨略有些不好意思地笑了。妈妈就说：“可别光说不练，都先给我把荷包蛋还有牛奶吃了。”脸上灿同朝霞。

第五章

自信是心灵里不灭的圣火，它源于你对生活的态度和自我的肯定。太阳总会有被乌云遮掩的时候，但我们不能因为影子的消失而去怀疑自己的存在。在没有领导长辈督促的情况下，自动自发地去学习和工作，你会受到更多的关注，得到更多的机会。

资助陈高照一事，进行得并没有预想中那样顺利，倒是峰回路转，来了几个起伏。要知详情，还须从那天杨略和余振四人分散之后说起。

当时他们成立了“援助陈高照临时行动小组”，名字是凌霄取的。他素来喜爱警匪片，对其中“救援某某人质临时行动小组”之类的名字醉心不已，因此这次他也是如法炮制，取了这样一个名字，觉得十分威武气派。其余几人也是童心未泯，觉得有趣，名称就这么定下来了。

而后由组长杨略布置任务。按照计划，杨略文字流利，负责起草捐款动员书。余振和凌霄嘴皮子利落，就负责动员书的发放和动员工作的实施。葛怡是女孩子，细心又有耐心，就负责捐款的收集。最后四只手重重交叠在一起，再对视一笑，手中发劲，用力一握，口中喊一声：“加油！”就各自精神振奋地行动去了。

杨略趁着周末在家，撰写了动员书，几易其稿，废纸篓里就窝满了一球球的纸团。定稿后他躺在床上，小声念了一遍。

各位同学：

“一方有难，八方支援”，中国古人向来以之为美德。而今我们班上陈高照同学，学习勤奋，成绩优秀，为我等楷模。他家境困难，母亲体弱多病，无钱医治；父亲工地打工，工作辛劳，报酬低微。高照同学常为之忧心忡忡，不能安心于学习。我们身为同学，应当伸出援助之手。我们希望，每个人都能拿出自己部分零用钱，积土成山，集腋成裘，解决陈高照同学的后顾之忧，让他得以全力以赴地投入学习，也让他感觉到友情的温暖，从自己孤独的世界里走出来。

今定于11月10日中午休息时间，在三(2)班举行募捐，希望各位同学慷慨解囊。

奉献你的爱心，建造心灵的天堂。

发起人：杨略、葛怡、余振、凌霄

11月5日

杨略对其中现学现用的几个成语格外得意，而后将文字录入电脑，打印了五十份，全班除去陈高照，还有五十人，周一就交到余振凌霄手中。发动和宣传是秘密进行的。所谓秘密，其实就是瞒着陈高照一个人，因为他们想给他一个惊喜，同时也给这次行动蒙上一层神秘的薄纱，这样才更有意思。

不过由于在此期间进行了期中考试，所以活动推迟到25日进行。因此，宣传的时间变得十分漫长。

所以如果你是陈高照，在那几天你就会觉得周围有些奇怪。有时一下课，同学们就窃窃私语，传递着什么，而一见他回头，立即将手中的东西藏起来，脸上讪讪地笑。有时在门口还能听见教室里沸反盈天、群情激动地讨论什么。而自己一走进去，立刻被明眼人看见，互相推撞一下，声音就突然静下来。有的同学刚才还张大了嘴巴发表言论，突然噤声，不免觉得尴尬，于是打了哈哈，掩饰住自己的不自然。

他觉得自己被同学们隔离了，又不愿去询问事情真相，只是暗暗琢磨：肯定是我上次将自己家里的事情搂搂出来，同学们更看不起我了。于是心里深悔，却又不知如何弥补，就越发自怨自艾起来。

很快到了25日，一切准备工作经过紧锣密鼓的部署，都已经安排就绪。中午时，大家吃了饭就赶回教室，葛怡主持了捐赠仪式。

她穿着粉红的毛衣，毛衣下摆悬着几丝流苏，走路时轻轻飘摆，下面一条洗得泛白的牛仔裤，纤细合体，亭亭玉立。杨略觉得赏心悦目。

她站在讲台上，先是笑了一笑，眼里流动着纯净的光芒，说：“相信大家都看了我们的倡议书，也知道了我们今天中午要举行的活动。唯一被蒙在鼓里的，或许只有陈高照同学。不过我们只是想给你一个惊喜。是的，我们听了你上次的话，心里都非常感动，也很想帮助你。不过在学习上你本来就是我们的榜样，我们想帮也帮不上，所以只能在生活上为你做点什么。为此，我们秘密策划了这次捐款活动，希望你能接受。”

余振从自己的桌下抽出一只箱子放在讲台上，箱子外面糊了红纸，上面写了几个毛笔字：“捐款箱”。然后跑上讲台，在黑板上写了几个硕大的粉笔字：“援助陈高照同学捐赠大会”。

这时大家齐刷刷把眼光对准陈高照。陈高照恍然大悟，神情中却有些不知所措，张着嘴巴，半晌说不出话，眼睛里顿时湿润，又不想让别人看见，就低下头去。

葛怡宣布捐赠仪式开始。凌霄掏出一只 MP3，外接了两个音箱。一揿按钮，却是韦唯的《爱的奉献》。

“这是心的呼唤，这是爱的奉献……”

杨略心里浮荡起热热的波浪，拍在眼眶，却溅出两颗泪珠。

在音乐声中，同学们按座位顺序，陆续走上讲台，将钱或物放进临时的捐款箱里。大家都没有出声，只听见深情的音乐，引得隔壁班的同学纷纷驻足，隔着窗户往里面看。

事情到这里进行得都十分顺利。不过很快一幕让几个发起人意想不到的场景出现了。

大家都沉浸在脉脉的温情之中，都为自己的行为而感动不已。突然听见“啪”，是拍桌子的声音。大家回过神来，看见陈高照猛然站起来，嘴紧紧闭着，两片眉毛拧在一起，眼睛还是肿红的，眼光却腾起一股火焰，愤怒、羞惭，交织在一起。

“够了！”他怒吼一声，夺路冲出教室。凳子被他带了一下，重重地倒在地上，发出木头和石头沉闷的撞击声。杨略和凌霄呆了一呆，才追了出去。

教室里的气氛，像是一艘在和风中悠然前进的小船，突然撞上了坚硬的暗礁，顿时鸦雀无声，大家都目瞪口呆，只有韦唯还在唱：“只要人人都献出一份爱，世界将变成美好的人间。”这些歌词在同学们耳中，却突然有了讽刺意味。过了许久，教室里才激烈地争论起来。

杨略二人追到外面，却左右找不到人。问了几个隔壁班的同学，才在教学楼一侧的水杉林里找到了陈高照。两个人放慢了脚步。

水杉本来属于珍稀植物，现在却是随处可见。不过校园里的这片水杉树干粗壮，挺立如戟，而且一片林子里的水杉高度都是相仿，却是不多见的。此时恰逢清秋，地上落满了水杉的黄色叶子，像羽毛一般轻轻伏着。阳光透过树枝落在上面，有种格外轻柔的感觉。那些光斑随着树枝轻晃而运动，很像嫩黄的小鸡雏，在草丛中争啄着闲散的光阴。这是秋天才有的韵味呢。

树下隔几步就有石椅，陈高照就坐在其中一张椅子上，穿着款式陈旧的夹克衫，低垂着头，头发蓬松零乱，随着无声的抽泣，瘦削的肩膀在轻轻抖动。

在这么温暖的风景中，他却像一枚在寒风中颤抖的叶子。杨略心里一阵酸楚。他在陈高照的身边悄无声息地坐下，沉默一会，轻轻问他：“高照，你这是怎么了？”

高照没有抬头，只是停住了抽泣，身体却像因为惯性，隔了几秒便抖动一次。

“没怎么。”声音含糊不清，喉咙里似乎也网满了泪水。

“我和同学们都是一片好意。”

“我知道……”

高照又开始低低抽泣。杨略和凌霄面面相觑，捉摸不透高照的内心，只能无奈地摇摇头。

过了半晌，高照抬起头来，泪眼模糊，眼睛浮肿，嘴巴还在微微抖动，说:“我没事,你们先走吧,我想一个人待一会儿。”

杨略二人一想,自己留下也无济于事,还不如去教室与同学探讨一下。于是二人说了句保重,便回到教室。整个教室的人都等着他们呢,一见二人露面,就七嘴八舌地问事情的进展。杨略说:“可能高照有点不开心……”

余振一听大怒:“我们为他辛苦了这么多天,他倒还不开心,真是不知好歹。”

葛怡马上说:“余振,你不要这样说。高照肯定有自己的苦衷。”

余振说:“他有什么苦衷,不就是没钱吗?我们现在是给他钱,他倒好,拍桌子走人,好像是我们欠了他似的。”

几个刚才没轮到捐款的同学嚷嚷道:“那捐款还搞不搞了?”

余振说:“还搞什么呀?好心当了驴肝肺,狗咬吕洞宾,不知好人心。算了,大家把自己的钱拿回去吧。”说着就来拿捐款箱。

杨略向前制止了他,说:“先不要急。”

凌霄在一旁也说了:“大头,你怎么跟猪八戒一个德行,紧急关头就念叨着要分行李啊?”同学们都大笑。

余振口齿笨拙,讷讷地难以反击,着了急,坦克一样冲过来要堵凌霄的嘴。凌霄大呼小叫,东遮西挡,两个人就嘻嘻哈哈扭打成一团。

杨略见了不免摇头,他们是指望不上了,就和葛怡讨论下一步的做法,最后决定捐款继续进行。关于陈高照的反应,虽然暂时还不能理解他的想法,但是可以肯定:自己一厢情愿的行为肯定触到了他的伤处。如何补救呢,他们决定放学后去问张老师。

等余下的同学把钱物捐献完毕,葛怡正要清点,下午的课程已经开始了,只好暂时将捐款箱搁在课桌下面。陈高照也回到教室,并不看人,低头回到自己座位,再没有说话。同学们也不敢问什么。

下午有自然课,讲的正是地球的历史,杨略看着地球蔚蓝的图片,听老师讲地球的形成、生物的进化、人类的诞生，一时浮想联翩，神游万仞，极其快意。心想地球和宇宙如此神秘幽邃，博大雄阔，而世人总为琐事所扰，没有精力去认识这奇趣的大自然，不是愚蠢得很吗？想到这里，就用眼睛的余光瞄了瞄陈高照，发现他也听得痴迷，眼眸也闪烁着晶光，浑然看不出中午的幽怨和凄楚。杨略心中也觉快慰。

在陶醉中，时光总是流逝得飞快。很快就放学了，杨略四人收拾好书包，来到张老师的办公室。

张老师正伏案写着什么，旁边放着一杯杨略十分熟悉的绿茶。听到敲门声，张老师抬头，看见是他们四人，放下手中的笔站了起来。要让座时，却发现办公室里椅子不够。张老师有些尴尬，就说："看来一山不能容二虎，你们这么多猛虎一齐到来，我真是应接不暇啊。"

大家都笑道："没事没事。"推让了半天，葛怡和杨略坐了，其余两人像跟班一样站在他们身后。

张老师问道："你们平常没事，可很少到我这一亩三分地里来。今天大驾光临，肯定有什么大事吧？"

四人听他一说，想自己平时确实很少来看望张老师，平时见面也只是打个招呼而已，心里就有些不好意思。

杨略把事情的来龙去脉一说，张老师陷入了沉思，眉头形成浅浅的"川"字。

他说："你们的想法很好，可惜做法有些欠妥，没有考虑到陈高照的感受。你们想想，陈高照家境困难，平时衣着简陋，难免会有自卑心理，平时很少与大家交往，大家都觉得是性格原因，其实我觉得肯定是经济原因使然。记得我读书时家里也困难，而大学同学中有些人家境富裕，平时花钱大手大脚的。一有谁生日，就肯定下馆子摆宴席。班里大部分人都去了，而我没有去。倒不是我和他们关系不好，而是因为我知道，这次去吃了他们的宴席，下次自己生日肯定免不了回请。可自己当时生活费都捉襟见肘，哪里有钱去请他们呢？所以我只好选择回避。久而久之，同学们就认为我有些孤僻。而对此我无法解释。直到后来我参加工作，赚了工资，才能时常与朋友聚会，他们才看到了真实的我。

“我觉得陈高照同学也是这样，平时很少与同学交往，并非内心不够活泼，而是平时生活费很少，吃的穿的不能和你们这些城里孩子相比，所以自然而然有了距离。”

杨略想到以往班级一有春游秋游之类的活动，高照总说家里有事，不去参加活动。开始他们还觉得高照没有集体观念，现在想来确实是冤枉他了。

张老师接着说：“其实自卑感和自尊心有时是成正比的。陈高照内心的自卑，表现出来就是过度的自尊、过度的敏感，甚至让人感觉到有些神经质。他上次能大胆地说出自己的家境，已经是十分不容易了。而你们这次募捐活动大张旗鼓，好像要让高照的家境路人皆知，这就伤了他的自尊心。所以他当时拍案而起，也就不足为奇了。”

听着张老师层层分析，几个人恍然大悟：原来好心未必能做好事啊，想起自己最初发动活动的时候，虽然是秘密进行的，但是捐款现场，确实有些唯恐世人不知的势头。

张老师沉默一会，喝了口清茶，说：“其实这些都是处世的哲理啊。我母亲以前也不懂，我和几个姐姐长大工作以后，在家里留下好多衣服鞋子。母亲是个节俭的人，觉得这些东西丢了可惜，放着没用。当她看到村里有户人家生活清苦，孩子的衣服都打着补丁时，就一片好心地把那些衣服鞋子给人家送去。几次以后，母亲发现对方非但没有感激，见了面还躲躲闪闪的。她觉得很奇怪，告诉我的时候，语气还有些愤愤不平。我仔细一分析，我母亲的行为也是伤了人家自尊心：你把旧衣服旧鞋子给我，当我是叫花子吗？嘴里当然不能明说，所以只能躲躲闪闪了。而且我母亲还犯了一个更严重的错误，就是她后来时常和村里人谈到送衣服的事情，这就更让那户人家难堪了。”

杨略觉得这次活动之所以搞得这么隆重，一方面是希望别人知道高照的家境，进而慷慨解囊；其实细究起来，他们的潜意识里，也未尝没有沽名钓誉的成分。

张老师似乎猜透了他们的想法，说：“老子曾经说过：‘天下皆知善之为善，斯恶矣’。意思是刻意追求善，这本身就已经不是善了。行善于无形，才是真正的大善啊。”

葛怡问道：“张老师，我觉得你说得很对，可是事情已经这样了，那你觉得我们下一步应该怎么做呢？捐款已经收集齐了，总不能退回去吧？”

张老师说：“当然不能退，这是同学们的一片真情呢。你们现在应该低调地处理这件事情，不要大肆声张，关键是真正帮到陈高照同学，不仅仅让他暂时摆脱生活的贫困，还让他从自卑的牢笼里走出来。我也没有具体的方法，不过我觉得你们都这么聪明善良，肯定能想出完美的方案来。还有一点，你们应该把小组的名字改一下，改为‘爱心天堂’，你们觉得怎么样？”他们几个也觉得原来的名字太剑拔弩张，没有“爱心天堂”这么甜美温馨，就一致同意了。

四个人从办公室里出来，夜色正从城市的角落里探头探脑地出来，渐渐蔓延上升，像一条巨大的棉被，即将软绒绒地覆盖住大地，让世间万物沉入睡乡。杨略想：再过一会，一只神秘的手就会用星月的微光，巧妙地编织一个悠远神秘的梦境，这是一个多么柔情似水的人世。

四个人急于回家，稍稍交谈几句，就各自散了。杨略骑车到家，习惯性地打开信箱，却发现里面有两封信，一白一蓝，像两只大蝴蝶，轻轻息羽在绿色的信箱里。

今天才25号呢，倪甫清怎么这么早就来信了？杨略心中有了疑团，也不上楼，就近在花园里找了条凳子坐下。此时光线已经有些昏暗，花园的草坪已没有先前茂盛，处处枯黄，池子里也只剩下残荷，雪松的颜色更加沉郁，这一切都显出秋天萧条的迹象来。杨略心中也突然有些萧条之意。倒是他在自家窗口就能看见的枫香树，擎起一树红叶，张灯结彩一般，加上天边的几抹彩霞，都透出喜庆的气氛。

也许秋天是寂寥还是热闹，关键在于自己的心境吧。

杨略这样想着，就拆开手中的信，径直读了下去。

杨略：

见字如面。

你一定很奇怪我今天就给你写信，先不用问为什么，原因以后你自会知晓。

今天我们谈谈自信、自强还有主动性。

·失望的是我，对不起的却是你自己·

首先我们要知道什么是自信？先让我们听听先哲们是怎么说的。

古罗马哲学家西塞罗说："自信是心中抱着坚定的希望和信念走向伟大荣誉之路的感情。"1937年获得诺贝尔文学奖的法国作家杜伽尔说："我力量的真正源泉，是一种暗中的、永不变更的对未来的信心。甚至不止是信心，而是一种确信。"

的确，自信是一个人脸上的阳光，是心灵里不灭的圣火，它与出身、地位、权利、金钱等等都无关，只源于你对生活的态度，对自我的肯定。

一位哲学家在风烛残年之际，知道自己时日无多，就想考验和点化一下他的那位平时表现优异的助手。他把助手叫到床前说："我的蜡所剩不多了，得找另一根蜡接着点下去，你明白我的意思吗？"

"明白，"那位助手赶忙说，"您的思想光辉是得很好地传承下去……"

"可是，"哲学家慢悠悠地说，"我需要一位最优秀的承传者，他不但要有相当的智慧，还必须有充分的信心和非凡的勇气……这样的人选直到目前我还未见到，你帮我寻找和发掘一位好吗？”

“好的、好的。”助手很温顺很尊重地说，“我一定竭尽全力地去寻找，以不辜负您的栽培和信任。”

哲学家笑了笑，没再说什么。那位忠诚而勤奋的助手，不辞辛劳地通过各种渠道开始四处寻找了。可他领来一位又一位，总被哲学家一一婉言谢绝了。有一次，当那位助手再次无功而返地回到哲学家病床前时，病入膏肓的哲学家硬撑着坐起来，抚着那位助手的肩膀说：“真是辛苦你了，不过，你找来的那些人，其实还不如你……”

“我一定加倍努力，”助手言辞恳切地说，“找遍城乡各地、找遍五湖四海，我也要把最优秀的人选挖掘出来、举荐给您。”

哲学家笑笑，不再说话。半年之后，他眼看就要告别人世，最优秀的人选还是没有眉目。助手非常惭愧，泪流满面地坐在病床边，语气沉重地说：“我真对不起您，令您失望了！”

“失望的是我，对不起的却是你自己。”哲学家说到这里，很失意地闭上眼睛，停顿了许久，才又不无哀怨地说：“本来，最优秀的就是你自己，只是你不敢相信自己，才把自己给忽略、耽误、丢失了……其实，每个人都是最优秀的，差别就在于如何认识自己、如何发掘和重用自己……”话没说完，一代哲人就永远离开了他曾经深切关注着的这个世界。

那位助手非常后悔，甚至后悔、自责了整个后半生。

为了不重蹈那位助手的覆辙，每个向往成功、不甘沉沦者，都应该牢记先哲的这句至理名言：“最优秀的就是你自己！”

有一个现象很值得我们注意，很多美国人虽身为粗工阶层，却心满意足。当你出入豪华宾馆时，给你叫车的男孩不卑不亢，礼貌周到，你会感到他的自信。他未必羡慕你所选择的道路，千千万万的美国人按照自己的实际情况选择了职业，选择了生活的各个方面，也活出了一分自信。一个访美的亚洲官员讲：我在国内时别人见我就点头哈腰，可是在美国连有些捡破烂的人腰板都挺得直直的。

在上帝面前我们都是平等的，凭什么非比人家矮一截呢？何况能够呼吸在这个多彩的世界上，我们就已经是个胜利者了。你是否想过自己必须赢得多少胜仗才得以降生人间？"从古至今，没有一个人和你一模一样，未来也不可能会有另一个你。"这是基因专家亚伦·史奇菲德说的话。

世界上没有完全相同的两片叶子，你的风景在于你的独特。与其自怨自艾地生存，莫如坦然、欣然地生活，与其相信那些迷茫的错觉，不如相信自己的微笑。

请记住——自信让你与世界同在！

·认识你自己·

杨略，不知道你发现没有，在你的身边，有很多学生有目标和理想，希望大展宏图，而且也在努力地学习着，每天坐在教室里，下课也不挪窝，但是每次考试，成绩都是平平。不说别人，连他们自己也觉迷茫，于是怀疑：冥冥中真有神灵在操纵自己的命运？于是自叹自己不是读书的料，原有的理想和努力都付诸东流，让人扼腕叹息。

如果我们观察研究他们的行为，我们可以发现，他们其实是在被同一个敌人打败的，那就是他们自己。他们缺乏了解自己的洞察力和战胜自我的意志力，不知道自己的长处和弱点，他们没有把内心的东西组织起来，因此临考试时心中始终是茫茫然。他们过不了自己这一关，最终导致失败。

其实我也知道，杨略，在你的心中也有两个杨略。一个是好杨略，一个是坏杨略。好杨略说："我要学习。"坏杨略说："快去玩游戏吧！"如果好杨略能够经常战胜坏杨略，坏杨略就会逐渐逃走，你将成为英雄，以后能成为一名优秀者。反之坏杨略渐渐占了上风，你将成为失败者。

不过，世界上最难了解的人就是我们自己。因为我们内心都有自我保护的倾向，所以总在为我们的所作所为找出形形色色的理由，今天学习任务没有完成，开始还有些过意不去，后来一想：今天天气太热，中午还帮同学跑腿了，学习任务完不成也是正常的，况且，别人也未必能做得像我这样好呢。于是心中释然，给自己的神经以短暂的麻痹，换取短暂的心理平衡。久而久之，这种行为会导致你太容易原谅自己，太容易美化自己。最终审视自己时，宛如雾里看花，水中望月，搞不清自己究竟擅长什么。这自然非常危险。

而事实上，一个人走上成熟的最重要标志就是：不再躲避自身问题，直面真实的自我，洞悉自身的优点与缺憾。因为只有认识自己，你才能明白究竟是什么在腐蚀你的意志力，什么在诱使你半途而废，什么让你被眼前的障碍绊倒。而后努力开掘自身优点，对症下药，用心弥补自身缺漏，这样才能战胜自己，超越自我；而只有战胜自己的人才能战胜各种困难。当你遭遇疑难，想向同学请教时，突然觉得如果问了，会被人看不起，还是不问的好，那么你就无法养成“不耻下问”的美德；而没有勇气去问，这类问题你自己又解决不了，于是敷衍了事，也许它就会成为你的人生“短板”，限制你的发展。

当然，事情都有正反两面。一方面你是自己最大的敌人，反过来，你也可能成为自己最好的朋友。当你了解到世间唯一左右你成败的人就是你自己时，你就能“化敌为友”，做自己最好的朋友。确定一个长远的目标，并着手培养自己的能力，修正自己的错误。当你开始行动时，你就会了解到真正支持你迈向成功之路的人，正是你自己。

伟人之所以伟大，关键是在于他们能战胜自我，永不放弃，激发潜能。我们可以这样说，只有战胜自我的人才会有坚强的意志力，能够紧紧地追随心中的梦想，不管路上会遇到什么样的不幸和困难。

“天将降大任于斯人也，必先苦其心志，劳其筋骨，饿其体肤，空乏其身，行拂乱其所为。”两千年前，孟子就这样谆谆教诲于我们，如果你想成为一个不凡的人，一个担当大任的人，必须有吃苦耐劳，自强不息的精神。每一个成功的人，在生活中都经过一

知识点链接：

短板：一只木桶，装多少水，并不取决于桶有多高、多大，而是取决于其中最短的一块板，这就是短板定律。

番奋斗，人生是不断奋斗的过程，勇于面对困难、克服困难，迎接下一个挑战的人，就是最后的赢家。

知识点链接：

司马迁，西汉史学家，文学家。元封三年（公元前108年），司马迁继承其父司马谈之职，任太史令，并开始撰写《史记》。后因替投降匈奴的李陵辩护，获罪下狱，受宫刑，受尽屈辱。出狱后任中书令，继续发愤著书，终于完成了《史记》的撰写。《史记》是中国第一部纪传体通史，对后世史学影响深远，《史记》语言生动，形象鲜明，也是优秀的文学作品。司马迁还撰有《报任安书》，记述了他下狱受刑的经过和著书的抱负，为历代传颂。

“盖西伯拘而演《周易》；仲尼厄而作《春秋》；屈原放逐，乃赋《离骚》；左丘失明，厥有《国语》；孙子膑脚，《兵法》修列；不韦迁蜀，世传《吕览》；韩非囚秦，《说难》《孤愤》。《诗》三百篇，大抵贤圣发愤之所为作也。”司马迁在《报任安书》中如是说，他们在绝境中不放弃信念，乃有著作千古流传，名垂史册，丰富了我国璀璨的古代文化。

太阳总会有被乌云遮掩的时候，但我们不能因为影子的消失而去怀疑自己的存在。人生在世难免起起落落，当你落入困境时，只要能够坚决地说：

——我必定……

——我能够……

——我要……

相信你定能迎难而上，高歌向前。

·自动自发比天才更重要·

自动自发，就是在没有老师家长要求你学习的情况下，却能自觉而且出色地做好自己的事情。在我看来，它可以有两个意思。一，当你发现了一些应该做却没做的题目，马上着手去做；二，每当你做完了一道题目，马上应该做一番反省：这是你能做到的最好的成绩吗？如何能做得更好？有没有更简便的方法？

这不仅仅是认真学习，更是对自己的人生负责。因为你知道了自己要什么，也知道自己凭什么才能达到，更知道了如何去做。这样的人，总会成为优秀的学生，即使你现在成绩平平，但是时间会完成这个过程，只要你不选择放弃。而且，你的生活也将随之充满乐趣。

而一个人如果不主动，一切外在条件都成了泡影。爱默生说过，缺乏主动性的人是难于成大事的。因为外因只能促进内因，才能起作用。在同样的孵化条件下，有生命力的鸡蛋才能很快孵出小鸡；而孵鹅卵石，你再花百倍的时间也是徒劳。

卡耐基曾经告诉我们："有两种人绝不会成大器，一种是除非别人要他做，否则绝不主动做事的人；另一种人则是即使别人要他做，也做不好事情的人。那些不需要别人催促，就会主动去做应做的事，而且不会半途而废的人必将成功。这种人懂得要求自己多付出一点点，而且做得比别人预期的更多。"

从中可知，一个人的主动性是实现目标必不可少的要素，它会使你进步，使你受到更多的关注，而且会给你带来更多的机会。

我认为，对于学生来说，生活的质量是由学习的质量来决定的，而学习的质量是由你的主动性决定的。如果一个学生的学习主动性不够、不能全神贯注、全力以赴地学习，结果一定成绩差，老师、家长批评，自己心理压力重，玩的时候也很难尽兴。而对学习主动与否完全由你自己来选择。正如哈伯德所说的，"没有人能保证你成功，只有你自己；没有人阻挠你成功，只有你自己。"如果你选择正确的话，生命就会更加有意义。

自动自发的品格，比天才更重要，缺乏这种品格，神童也难成大事业。当然，如果一个人同时拥有天才和主动性，那他将是一个伟

知识点链接：

戴尔·卡耐基，美国著名演说家、作家和教育家，是国际著名的励志大师。生于美国密苏里州一个贫民家庭。他的《卡耐基沟通与人际关系》《如何停止忧虑开创人生》《享受工作享受生活》等著作，已经成为历史上最具影响力的励志图书，曾经激励和影响了世界亿万读者。

大的人物。但是，我们中的大多数人没能得天独厚，我们资质大体比较平庸。但是，主动性可以弥补天资的不足。

当一个人刚刚步入社会，并且顺利地拥有了一份工作，这并不意味着他一定能胜任。如果他在没有足够的能力的同时，又缺乏足够的主动性，那么这份工作不会做太久。反过来，即使没有足够的能力，但是有主动性，他也能做好他的工作。因为主动性是最好的老师，它会让他逐渐地提升到合格甚至优秀的高度。

许多公司都努力把自己的员工培养成对待工作具有主动性的员工。因为这种员工会勇于负责，有独立思考的能力。他们不会像机器一样，别人吩咐什么就做什么，墨守成规，凡事不求有功，但求无过。他们往往会发挥创意，出色地完成任务。

曾有人进行过研究发现：如果人的工作有主动性，能发挥全部才能的80%左右，而只做布置(被动)工作的人，只能发挥全部才能的30%以下。

主动性不是与生俱来的，是后天培养而成的。如果你想出人头地，实现自己的人生价值，从现在起，开始比别人加倍努力吧，不要让别人来催促自己。将自动自发培养成自己的习惯，完成老师布置的作业，自己主动多做一些课外练习，积极复习过去的课程，预习前面的内容，如此你的成绩会慢慢提高。更重要的是，你会觉得自己的努力得到别人的肯定与尊重，自己的生活也变得无比充实。

还有什么，比这个更让人向往？

好了，抒情完了，下面进入我们的训练题阶段。

·趣味测试&魔鬼训练之自信心篇·

[训练题]自信心测验。

请在下列各题各列备选答案中选择最符合你的一个：

1. 当老师在班里提出某一问题讨论时，你会采取哪一种态度：

A. 马上举手，表达自己意见

B. 除非老师叫我起来回答，否则保持沉默

C. 等到别人说完看法后，再发表自己的意见

2. 如果老师对你进行不恰当的批评，你会怎么办：

A. 马上全力为自己辩护，并显得情绪激昂

B. 冷静、理智地放手说出自己的看法

C. 不争辩，甚至不说话，但记在心里

3. 全校举行演讲比赛，老师和同学推荐你去，你将如何对待：

A. 以种种借口推脱，坚决不去

B. 同意去，但演讲什么要请老师和同学出主意

C. 不马上答应，等考虑好后再做答复

4. 当你的好友在同学面前提出拟也认为不好的要求，如借作业本抄，你会怎么办：

A. 表面答应，但过一会我借口说不接他

B. 给他讲抄作业的坏处，帮他弄懂难点，让他自己完成

C. 听听其他同学的意见，再决定是否给他

5. 当你去参加学生会举行的座谈会时，你首先做的是：

A. 我认识的同学，坐在一起交谈

B. 与旁边不认识的同学相互认识起来，并进行交谈

C. 一个人坐在那里，看其他同学讨论

6. 如果你被同学们选为班长，你怎么办：

A. 勇敢地接受，并负责任地把班级的工作做好

B. 同意试试，但随时准备退出

C. 要求同学们支持，配合你的工作

7. 如果老师要求你做一件关系到你声誉的工作时，你怎么办：

A. 请老师讲一讲做好这一工作的关键是什么

B. 明确表示做好这工作的要求

C. 勉强接受，但也可能就打退堂鼓

8. 如果老师一个地方讲错了，你怎么办：

A. 巧妙地向老师提出问题，指出讲错的地方

B. 借回答问题来纠正老师讲课中的差错

C. 下课后再向老师提出

9. 如果让你当班长，在选班委时，你将选择哪一种人：

A. 学习很好，有些只顾自己

B. 小有缺点，但乐意为集体服务

C. 学习好，但大事做不来，小事尚能做的人

10. 如果你来当老师，你将如何对待学生：

A. 想同学所想，通情达理

B. 模仿老师的做法

C. 有些照老师的做法，有些根据自己的体验

二、评分标准：

	A	B	C
1.	5	0	1
2.	1	5	0
3.	0	5	1
4.	0	5	1
5.	1	5	0
6.	5	0	1
7.	1	5	0
8.	5	1	0
9.	0	5	1
10.	5	0	1

三、评价：

1. 40—50分：你是一个很有自信的人。你敢于自告奋勇地做事，但必须小心，要讲究工作技巧。

2. 28—38分：你有较强的自信心，并在多数情况下能应付自如，但在勇往直前时，要保持谨慎。

3. 13—25分：你办事缩手缩脚，总怕出差错，你应设法肯定自我，增强信心。

4. 0 —10分：你给人的印象似乎不存在似的，应努力改变这种情况，须知自信是成功的一半。

[提示]做测试题主要有两个目的：

一是了解自己。但请注意，测试题没有标准答案，测试的结果可能不是你的真实情况，所以不要迷信测试。

二是改善自己。测试的不同答案选项提供给你不同的思维方式和角度，便于你重新思考并评估自己习惯了的行为。所以，应该就每个答案引起的结果作个分析，这样才不至于为测试而测试，说不定你还可以想出更科学的做法选项呢！追求最佳效果，就是改善的目标。

信先写到这里。

你的大朋友　倪甫清

11月24日

杨略觉得奇怪，这个倪甫清总有未卜先知的本事，能够准确地知道自己思想的动向，并及时给予指导。如果他是张老师，很多地方都能够解释，不过还是有些疑团：他早知道了陈高照缺乏自信，可为什么不直接写信给他，而选择让自己去传达呢？另外，回想起来，张老师一直没有表露出他曾给自己写过信，他何必如此掩饰？

难道倪甫清另有其人？可是除了张老师，还有谁会这么了解自己，关心自己呢？

他到底是谁？莫非真的是住在高天之上的一位仙人，时刻关注着自己？可是上几封信中，倪甫清说自己身体欠佳，神仙怎么会生病呢？当然，他也可能在故意用这些来掩饰自己的身份。

其实在杨略内心里，他真的希望倪甫清是一位长须飘然、羽扇纶巾的神仙，有朝一日驾着祥云出现在他的面前，淡淡一笑，也不说话，杨略就心领神会，迎上前去。仙人将他搀上祥云，他顿时觉得身轻如燕，可以御风飞翔。于是二人就在祥云之上，纵横驰骋，任意东西，鸟瞰大好河山：江河缩成飘带，山峦缩成笔架，而大片的稻田，整齐明净，则像极了棋盘……

也许，这个倪甫清是外星人呢，在茫茫人海之中，选择了杨略作为对象，灌输他们星球的思想。他们不会用汉字写信，只能先用自己的语言写完信，再借助翻译器，一下子转化为汉语……

杨略想着想着就有些陶醉，尽管他是个无神论者，不过始终相信在浩渺的宇宙中，有另外的高智商生物存在。如果能与他们有这样的奇遇，他还是非常向往的。

生命中充满了奇迹，地球还有太多的神秘等待发掘。这样的世界，还有什么事情不会发生呢？

第六章

人的才能就像肌肉一样，用得越多，它会越发强健。与应有的表现相比，我们实在只发挥了一半的潜能。在学习和工作中，我们绝大部分人都没有全力以赴。我们很大一部分才能都被我们自己埋没掉了。

话说那次杨略收到信后，浮想联翩，心绪难平，第二天拿着信来到学校，借下课时间与葛怡商议。最近换了几次座位，杨略恰好坐在葛怡的后面，并荣升为小组长。

葛怡自上次从电话里知道了书信一事，一直想亲眼看看这些神秘来信，不过想到这是杨略的秘密，自己倒也不好主动提出，因此这个心愿便一直搁置着。而今天杨略主动把信拿给她看，不由大喜过望，匆匆把信从头到尾扫了一遍，口中连连赞叹："写得真好，和刘墉的《创造自己》不相上下呢。"

刘墉是台湾的画家和作家，是一个很认真生活，善于捕捉生活中点滴智慧的人，他写的书往往以亲身经历和身边的事情为例，挖掘出人生的哲理，清浅易懂，发人深省，因此深受读者欢迎，特别是中学生更是将他视为人生导师。杨略也曾买过几本他的书，什么《我不是教你诈》《迎向开阔的人生》，看的时候也深有感触，不过毕竟有些距离感，不如这些信更贴近自己的生活。

"前面的信都是这样写的吗？"葛怡扑闪着长长的睫毛。

"是啊，都是这样的。"

"那你为什么不把它们装订成一本书呢？还可以给大家看看，一起分享这些人生哲理嘛。现在我们的同学对前途大多还是挺迷茫的，需要这种书来指导一下呢。目前书店里励志类图书虽然多，但是真正面向我们中学生的却是很少。"

真是个好主意。杨略也觉得眼前一亮。

"不过我还不知道这些信是谁写给我的呢。我擅自做主，怕人家不高兴。"

他下意识地四处看看,好像空气中有双眼睛在注视着自己。

“你上次不是说,是张老师写给你的吗?”

“仅仅是怀疑,还不能确定呢。”

“那你可以当面问问他呀。”

“可我觉得当面问不大好,也许张老师还想保持神秘感呢,说穿了就没意思了。”

葛怡就撅了嘴巴,说:“就你讲究多。”

杨略赔着笑,说:“要不我们来个旁敲侧击。”

葛怡的黑眸子闪烁了一下,说:“我们可以再去拜访他,装做不小心把信封落在他的办公桌上。然后我们看看他的反应如何。”

真是个聪明的女孩。杨略点头同意。

中午杨略二人再次来到办公室。张老师恰好不在,问了旁边的老师,说是吃饭还没有回来。杨略觉得天赐良机,就把白颜色信封拿出来,放在办公室的显眼位置。二人一边等着张老师回来,一边翻着旁边的书架里的高高矮矮的书。书籍按种类排列整齐,除了英语杂志,还有原版英文名著、中国文学名著、教育心理学之类,随意翻出一本,外表看整洁如新,翻开却画满了条条杠杠,偶尔还记录下心得,显然是用心看过。而杨略自己的课本一般不出两个月,就会翻卷得和腌菜差不多。真正会看书的人,往往是最爱惜书本的人。这些似乎又为张老师是倪甫清提供了一些证据。

张老师进来看到二人,就问道:“高照的事情进行得怎么样了?”

杨略说:“还没有什么进展,不过我们已经想到办法了。”说着就闪身让路,有意识地把张老师带到桌前的座位上。

“这就好,这就好。”张老师坐到办公桌前,果然如杨略所愿,他看到了信封,拿起一看,说:“杨略,这是你的信,怎么掉我这里了?”

杨略葛怡细心观察张老师表情的细微变化,却感觉一切如常,就对视了一眼。倒是张老师感觉到了异常,就问:“你们这是怎么了?”

杨略忙说:“是我的信,刚才我坐过您的座位,不小心落在桌子上了。”

张老师把信递到杨略手中,说:“像你们这样年纪的孩子,好像都没人写信了吧?”

杨略说:“是啊,网络这么方便,大家都上QQ,还有MSN,写信的就少了。”心里还有些不肯确定,接着试探性地问:“不过这封信都不知道是谁写来的,真是奇怪。”眼睛的余光瞄着张老师。

“是吗?还有这种事?”张老师接过信封,仔细看了看,“倪甫清,这个名字还挺古色古香的,‘甫’是‘惊魂甫定’的‘甫’,意思是‘刚刚’‘方才’;‘清’是‘清澈’之意,合起来就是‘我心方清’。我心方清……好名字啊,有几个成年人的心灵能恢复少年时的清澄明澈呢?杨略,看来给你写信的可不是平庸之辈,必然是阅世很深的智者啊。”

从名字就能看出这么多道理来,杨略内心十分佩服,而且也因此可以确定,张老师虽然不是倪甫清,必然是倪甫清的知音,尽管他们也许并不相识。这样一想,他就抽出放在书包里的信瓤,递给张老师:“这是信的内容。”

张老师先是粗略地浏览了一遍,然后又仔细地看了一遍,也不作任何评价,头就转向窗外,若有所思,手指在信纸上轻轻地弹跳。信纸上发出轻微的噼啪声,成了办公室唯一的声音。

杨略和葛怡正觉得奇怪,张老师回头说:“信写得真好,你有没有想过把这封信给高照看看?或许他很需要这种精神力量呢。”

杨略高兴地说:“我也是这么想的。我刚才所说的方法就是这个呢。”

葛怡接口说:“我们还准备把他以前收到的信收集起来,装订成册,让全班同学都看呢。”

张老师说:“太好了。如果效果好,我们还可以交给出版社出版呢,让更多的学生看到他的信,从中得到收益。当然,我们要先找出这个倪甫清到底是谁,不然他会怪我们侵犯版权了。”

杨略和葛怡出了办公室,心里高兴,觉得自己找到帮助陈高照的办法了。可是倪甫清到底是谁呢，却依旧是一个大疑问。

按照张老师的指教，杨略四人尽量不在高照面前提捐赠一事，只是一如既往地保持正常关系。当然，少年人毕竟还没有那么圆滑老练，余振还是闹着情绪，见了高照也有些不理不睬。葛怡就说他大男人这么小心眼，他也不好意思了。不过虽然心无芥蒂，但刻意去找高照说话，他还觉得有些尴尬，所以只能让时间来弥补这一切了。倒是杨略时常找机会向高照讨教问题，高照也耐心讲解，杨略懂了也不急着走，而是坐着聊些闲天，有意无意地谈及神秘信件一事，等高照来了兴趣，就把信件交给他看。一来二往，两个人逐渐成了好朋友。

日子就这样飞快地流逝，等大家都将要淡忘捐款时的不快，时间已经快到元旦了。当然，期末考试也随之临近。

因为下学期就要中考，所以这次期末考试是一次练兵，从中也能知道自己的实力如何。杨略分外珍惜时间，用心学习。不过学习这个东西很奇怪，你学得越多，发现自己懂得越少，用爱因斯坦的话说，知识像气球，气充得越足，接触的未知空间越大。杨略也有这种感觉，因此常常学习到深夜。当然，还有一件事始终萦绕心头，那就是募集的款项还没有交到高照手中。他一直在寻找机会。

忽一日，傍晚时分彤云密布，天地凝重，且不见微风，入夜后就纷纷扬扬下起了大雪。杨略当时正在写作业，橘黄的台灯下，四周静谧，思路清晰，感觉十分温暖。突然觉得有什么东西晃眼，时不时还有扑簌声，似乎有什么东西轻轻坠落。抬头透过窗户，看见探到窗口的枫香树枝积了一层白色的雪花，积累到一定分量，树枝就往下一斜，将雪花摇落下去。

杨略欢呼一声，推开窗户，一股凉气扑面而来，顿时让人头脑清醒。在灯光中，大片大片的雪花正飘扬而下。杨略欣赏了很久，才在清冽的空气中写作业。当晚，他是伴着轻微的扑簌声渐渐入眠的。

第二天他起得极早，匆匆吃完早饭就匆匆出门。雪已经停了，留下一个银装素裹的世界。花园里的雪还没有人踩过，只是有些细小的爪印，是松鼠呢，还是小猫？他独自蹚着雪，听着脚下沙沙的声音，心里也是柔柔的，似乎有一首诗抽出芽来，却又始终在内心里盘旋，盘旋，轻巧如风，行踪不定，让他觉得十分快意。

到了学校，教学楼、图书馆、操场都覆盖着厚厚的白雪，远处的小山也成了雪峰。天地都变得亮亮堂堂。住校的学生早就在校园里打起了雪仗，分为几派，脸盆水桶都成了运载雪球的工具。一个个雪球在操场上空飞来飞去，时不时有同学中弹，也不生气，惊叫声和欢笑声就像雪中的燕子一样四处穿梭，轻快地点缀了早晨自由的空气。

中午时杨略约了葛怡三人还有陈高照一起来到那片小树林。正是午饭时间，这里空无一人。水杉落尽了叶子，却像绽放了一树洁白的梨花，唯有枝干是棕黑色的。几棵棕榈树巴掌一样的叶子被积雪压得低垂下来，一动不动，像是怕惊动了这些白净的天使。

树间小路上的雪早有人踩过，留下一个个脚印，倒像是很多窟窿，上面结了层薄冰。五个人就沿着路边走，踩着蓬松的积雪，赞叹着雪中的胜景。

杨略说："好多年没下这么大的雪了，去年盼了一个冬天也没有。"

凌霄说："下了，去年期末考试前的晚上不就下过一场？"

余振说："那也能叫下雪，还没落地就全化了。哪有现在这么厚。"想是为他的话做证明似的，他身体猛然一倾，高帮皮鞋整只陷入雪中。余振也觉奇怪，仔细一看，却见许多细长的草叶露出来，原来这里长着一丛沿街草，将雪花托在上面，像是搭了一个温暖的白房子。童心忽起，将手伸进去，心想：小时候不是经常希望能有这样的房子吗？

这时高照争辩道："这也能叫厚啊，我读小学的时候，有一次早上起来，发现门都推不开。从窗口一看，原来是昨天晚上风大，把山上的雪都吹下来，拥到我家门口，就把门堵上了。后来我们是从窗户里跳出去，用铁锹扒开一条路。那几天爸爸和村里几个年轻人去深山打野猪，雪厚野猪跑不快，一枪一个准，全村人吃了好几天的野猪肉呢。我们小孩子还在池塘里溜冰，那里的冰足足有砖头那么厚，怎么踏也不会裂。听爸爸说，他小时候池塘里冰都是冻结到塘底的。”

杨略突然觉得自己像《故乡》中的小鲁迅，在听小闰土讲海边新奇的故事。

葛怡也听得出神，瞪着大眼睛说：“这么有意思啊。”

高照讲得有些得意，就接着说：“这还没什么，最有意思的是屋檐上挂下来的冰柱，半人多长，锄杆粗细，敲下来小孩子拿着当剑使，也不戴手套，手就冻得通红，玩一会就得回家到火炉边烘烘手。我家附近有座山，挺高的，山上有个大岩洞，半个教室那么宽，我们经常去玩。下雪后岩洞前就挂了很大的冰柱，几乎把整个洞口挡住了。我们钻到里面，就像是进了水晶宫。大人不让我们去，说是雪化了，冰柱随时会塌，太危险。果然有一天晚上，山上响起轰隆一声，几里路外都听得清楚。第二天去看，冰柱就堆在地上，像是电视里的小冰山，可惜都碎了，我们看了都心疼死了。”

余振说：“乡下这么有意思啊。我们平时下雪只能去公园看看，城市里下雪时间少，天气却冷，大部分时间只能待在家里看电视、玩电脑……太没劲了。”

高照说：“可不能这么说，你们从小就接触这么多电器，有好多我都没见过呢，所以就笨手笨脚的，第一次打电话把话筒当成了听筒，闹了笑话。现在上计算机课，你们打字都噼里啪啦那么快，我还得一个字母一个字母地找。我爸也说城里孩子脑袋聪明呢。”

葛怡说：“其实大家智力不存在差距，只是从小生长环境不同而已。你小时候在乡村里有那么多好玩的事情，而我们就没有。而我们从小与电器为伍，熟悉了一点，也是很正常的事情。”

杨略接着她的话头说：“对啊，这就像当官的有当官的烦恼和快乐，农民有农民的烦恼和快乐。大家都是一样的，只是行业不同而已，并不存在高下之分。”

凌霄在一旁挤眉弄眼，说：“哟哟哟，你们两个配合得好默契啊。有句成语怎么说来着，叫夫什么妇什么的，啊？哈哈……”

杨略和葛怡事先并没有商议过怎么说，只是话赶话，自然而然地说了这么多，现在倒让凌霄的话闹了个大红脸。

高照却听得高兴，说：“是啊，我也是这样想的。不过以前我总觉得低城里人一等的……”

杨略觉得说到这份上，已经渐渐到了自己希望的氛围了，就说：“高照，其实你经济上有些困难，我们大家都知道，也很想帮助你。不过上次我们的做法有些欠妥，没有考虑到你的想法。我们真的很抱歉呢。”

听他这么说，高照也不好意思了，说：“其实该道歉的是我呢。我明明知道大家是一番好意，可当时我突然觉得众目睽睽之下，自己成了沿街乞讨的乞丐……”

葛怡柔声说：“我们怎么会那样想呢。有人不是这样说吗，‘神助自助者’。我们也看到你学习刻苦，以后肯定是个人才，觉得你现在不应该被经济问题拖累，这才想到帮你一把的。所以我们希望你能接受。现在暂时的贫困并不可耻，以后不能有出色的成就才是可耻的呢。”

说着就趁机把一个红包拿出来，里面是同学的捐款，递到高照手中。

高照接过红包，眼睛湿漉漉的，嘴角有些颤抖，模糊不清地说：“谢谢……”

不知不觉中雪花又轻轻飘落下来了，它们都来自高远的天宇，品性高洁，见不得肮脏，一落在地上，就用洁白的颜色覆盖了一切。世界就干干净净了，像是小孩子穿上新衣服准备过新年。又像是天地已粉刷一新，等待谁在上面泼墨作画呢。

捐赠一事至此圆满结束，杨略了却一桩心事，就全力投入复习迎考之中。不过他的基础欠佳，短期内要想飞速进步，确实有些困难，又要复习课本，又想多做题目，他一时觉得老虎吃天，无从下嘴，因此内心不免有些焦躁。幸好，自己的语文成绩很好，几乎逢考必捷，在同学们心目中也渐渐树立了“语文权威”的地位。葛怡也时常向他请教语文题目，自己的弱项——数学、自然——也免不了向她请教。两个人学科互补，坐得又近，自然有些耳鬓厮磨的情谊，紧张刻板的学习也因此有了一抹亮色。

但杨略并不轻松，每天回家后也不休息，只是在家看书。家里的诱惑确实太多，电脑里的游戏，电视里的节目，还有那么多零食，再加上窗外的雪景，无不分散着他的注意力。可是若是真的去玩游戏、看电视，偏偏又挂念着作业本上的题目，因此玩得也不尽兴，内心还多多少少有些自责，于是就越发心浮气躁，这种情绪反过来又让他静不下心来看书。

因此，他在家的学习效果并不好。

那天中午，他坐在教室里，翻翻语文，翻翻数学，又都丢在一边，正觉无聊，葛怡将一封信递到他面前。当然是倪甫清的。

杨略：

见字如面。

看到你这几天的心浮气躁，什么事情都做不好，我心里也挺着急的。所以我们今天来谈谈如何才能做好一件事情吧。

人的生命是有限的，而人的才能是无限的。与应有的表现相比，我们实在只发挥了一半的潜能。确实，在学习和工作中，我们绝大部分人都没有全力以赴。我们很大一部分才能都被我们自己埋没掉了，这是多么大的遗憾？

所以，我们要想开发自己的潜能，实现自己的梦想，我们一定要全力以赴。造物主把浩渺的宇宙都给了我们人类，我们的发展空间是多么辽阔！

演艺圈里流传着一句名言：“没有小角色，只有小演员。”没有一件事情是卑微的，不需要我们去做好的。很多功成名就的演员，比如成龙、周星驰，他们都是从跑龙套开始的。他们将跑龙套看成磨炼演技的契机，每一招每一式都一丝不苟，才练就一身过硬的本领，逐步成为妇孺皆知的明星。

我们难道不应该这样吗？须知，人的才能就像肌肉一样，用得越多，它会越发强健。

·把你的精力集中到一个焦点上·

法国作家纪德说："获得幸福的秘诀，并不在为了追求快乐而全力以赴，而是在全力以赴之中寻出快乐。"

干任何事情，不全力以赴就不可能卓有成效。

在一次会上，我对年轻人说："你原本有一百分的力气，如果你只用九十分试试看，留下的力气对你来讲一钱不值，趁你不注意，它还是会悄悄溜走的。所以年轻人不要吝啬体力，因为你今天筋疲力尽，明天一觉醒来，又会精力十足。我们都有这样的经验：十八岁的年轻人刚开始学挑担时，一般只能挑 100 斤左右，如果你每次都尽自己最大的能力挑，一点一点往上加，用不了一年你就能挑起 200 斤的担子；如果你拈轻怕重，能挑 100 斤却只愿意花八成力气，挑它 80 斤，那么一年以后即使你使出全力也只能挑起 100 斤。既然如此，我们为什么不能尽全力多挑一点呢，人的力气和时间一样，是不能储存在银行里等到需要的时候再拿来用的，全力以赴不仅可使你的今天表现优秀，还能让你今后更卓越！"

这个道理很简单，甚至耳熟能详，但是真理原本就是常识。

还有这样一则故事，一个青年非

知识点链接：

安德烈·保尔·吉约姆·纪德，法国 20 世纪最重要的作家之一，生于巴黎。纪德早年体弱多病，异常敏感。代表作有小说《帕吕德》(1895)、《田园交响曲》(1919)、《伪币制造者》(1926)。此外他的游记、回忆录和戏剧也成就匪浅。他的作品充满矛盾而又互相矛盾，既宣扬了绝对的自由，同时又主张天下人都应当得到解放；既宣扬了狂热的个人主义，同时又歌颂集体的献身精神。

常苦恼地对昆虫学家法布尔说："我不知疲劳地把自己的全部精力都花在我爱好的事业上，结果收效甚微。"法布尔赞许说："看来你是一位献身科学的有志青年。"这位青年说："是啊！我爱科学，可我也爱文学，对音乐和美术我也感兴趣。我把时间全都用上了。"法布尔从口袋里掏出一块放大镜说："把你的精力集中到一个焦点上试试，就像这块凸透镜一样！"

我们可能会对很多事情都会有兴趣，但人一生的精力毕竟非常有限，在某个领域做出自己的一番事业，已经非常了不起了。这并不是排斥兴趣的广泛性，但在人生的某个阶段，甚至是人的一生，确实需要集中精力，专心致志地完成一项事业。当前，正处于知识爆炸的时代，学习如果不纵向深入，就会把有限的精力白白耗费掉。

北宋著名文学家苏轼在《又答王气书》中写道："书富如海，百货皆有之，人之精力，不能兼收尽取，但得其所欲求者尔。故愿学者，每次作一意求之。"马克思也认为，研究学问，必须在某处突破一点。歌德曾这样劝告他的学生："一个人不能骑两匹马，骑上这匹，就要丢掉那匹，聪明人会把凡是分散精力的要求置之度外，只专心致志地学一门，学一门就要把它学好。"横观中外，纵览古今，凡大学者、科学家，无不是将分散的精力聚集起来，获得某个领域的突破的。我们再拿法布尔来说，他为了观察昆虫的习性，常达到废寝忘食的地步。有一天，他大清早就俯在一块大石头旁边。几个村妇早晨去摘葡萄时看见法布尔，到黄昏收工时，他们仍然看到他伏在那儿，她们实在不明白："他花一天的工夫，怎么就只看一块石头，简直中了邪！"其实，为了观察昆虫的习性，法布尔不知花了多少个日日夜夜。以这样的精神从事某一项事业，怎么还会有不成功的道理呢？

我们这个世界的最新福音则是：认识你的目标，并且全力去完成。相信这句话能够伴随你通向成功。

·请用你的所有，换取满腔的热情·

世界从来就有美丽和兴奋的存在，它本身就是如此动人，如此令人神往，所以我们永远也不要让自己失去那份应有的热忱。若你能保有一颗热忱之心，那是会给你带来奇迹的。

成功与其说是取决于人的才能，不如说取决于人的热忱。在我们的一生中，做得最多的和最好的那些人，也就是那些成功人士，必定都有这种能力和特点。即使两个人具有完全相同的才能，必定是更具热忱的那个人会取得更大的成就。

一个人如果不具备热忱的心，他是肯定不会成功的，任何伟大的人，不管是音乐家艺术家还是领袖，肯定是充满热忱的，他对他的事业，他对他所从事的工作，他是要满腔热情的，兴致勃勃全力以赴的。当年郭沫若写《凤凰涅槃》时，为了获取灵感，他在风雨交加的时候，躺在地上，拥抱大地，让大雨滋润他的才思，让雷电点燃他的灵感，这样他才写出如江涛般澎湃激昂的诗篇，充满浪漫主义色彩，一举改变旧诗一统天下的局面，为中国现代文学开创一条新路，也为自己赢得了无限的荣誉。

从郭沫若身上，我们可以看到，这个世界为那些具有真正的使命感和自信心的人大开绿灯。无论出现什么困难，无论前途看起来是多么暗淡，他们总是够把心目中的理想图影变成现实。

热忱是学习的动力。一个学生如果对学习失去了热忱，他不仅不能取得优异的成绩，而且难以完成学业。因为当你觉得学习是为了完成任务，是为家长、老师而学，学习是枯燥乏味的时候，你的中枢神经就不会兴奋、就无法高度集中，你的学习效率就会低下。当你遇到学习的困难时，你容易气馁。反之，你对学习充满热情，你全身心投入到你所学的知识中，不仅钻研它、记忆它、而且热爱它，那么即使遇到一些困难也一定会被你的满腔热情所淹没。热忱是你学习的好伙伴，它不仅能让你学得更轻松愉快，而且会大大提高你的学习效率。

热忱是工作的灵魂。诚实、能干、友善、忠于职守、淳朴——所有这些特征，对准备在事业上有所作为的年轻人来说，都是不可缺少的，但是更不可或缺的是热忱——将奋斗、拼搏看做是人生的荣耀。热忱是一种神奇的要素，吸引具有影响力的人，同时也是成功的基石。当你兴致勃勃地学习、工作，你一定会有丰厚的回报。

热忱是工作、学习，甚至就是生活的本身。年轻人如果不能从每天的学习、工作中找到乐趣，仅仅是因为要生存才不得不从事学习、工作，仅仅是为了生存才不得不完成职责，这样的人注定是要失败的。

大自然的秘密，就要由那些准备把生命奉献给工作的人、那些热情洋溢地生活的人来揭开。各种新兴的事物，等待着那些热忱而且有耐心的人去开发。各行各业，人类活动的每一个领域，都有满怀热忱的工作者。

热忱是战胜所有困难的强大力量，它使你保持清醒，使全身所有的神经都处于兴奋状态，去进行你内心渴望的事；它不能容忍任何有碍于实现既定目标的干扰。

著名音乐家亨德尔年幼时，家人不准他去碰乐器，不让他去上学，哪怕是学习一个音符。但这一切又有什么用呢？他在半夜里悄悄地跑到秘密的阁楼里去弹钢琴。莫扎特孩提时，成天要做大量的苦工，但是到了晚上他就偷偷地去教学区聆听风琴演奏，将他的全部身心都融化在音乐之中。巴赫年幼时只能在月光底下抄写学习的

知识点链接：

乔治·弗雷德里克·亨德尔，西方音乐史上享有盛名的音乐大师，被誉为“圣乐之祖”，出生于德国。由他在1741年创作的清唱剧《弥赛亚》(messiah)，成为感人至深的圣乐，历久不衰。亨德尔死后，安葬在伦敦的威斯敏斯特大教堂。

沃尔夫冈·阿玛台乌斯·莫扎特，杰出的奥地利作曲家，被公认为最伟大的音乐天才。少年时代就展现出杰出的音乐才能，一生作品极其丰富。他创作的最重要领域是歌剧，共22部，另一重要创作部分是交响乐，共45部。他的音乐创作既继承和发展了海顿等前辈的成果，又对后来的贝多芬等人的创作产生了重要影响。

约翰·塞巴斯蒂安·巴赫，德国作曲家、管风琴演奏家、音乐改革家。18世纪上半叶欧洲最伟大、最有影响的作曲家，巴洛克音乐时期的重要代表人物，被世人称为“音乐之父”。巴赫的音乐作品包罗万象，主要作品有《平等律钢琴曲集》《赋格的艺术》《马太受难曲》《农民康塔塔》《小提琴协奏曲》等。

东西，连点一支蜡烛的要求也被蛮横地拒绝了。当那些手抄的资料被没收后，他依然没有灰心丧气。

没有热忱，军队就不能打胜仗，雕塑就不会栩栩如生，音乐就不会如此动人，人类就没有驾驭自然的力量，给人们留下深刻印象的雄伟建筑就不会拔地而起，诗歌就不能打动人的心灵，这个世界上也就不会有慷慨无私的爱。

“伟大的创造，”博伊尔说，“离开了热忱是无法做出的。这也正是一切伟大事物激励人心之处。离开了热忱，任何人都算不了什么；而有了热忱，任何人都不可以小觑。”

热忱，是所有伟大成就的取得过程中最具有活力的因素。它融入了每一项发明、每一幅书画、每一尊雕塑、每一首伟大的诗、每一部让世人惊叹的小说当中。它是一种精神的力量。它只有在更高级的力量中才会生发出来。在那些为个人的感官享受所支配的人身上，你是不会发现有这种热忱的。它的本质是一种积极向上的力量。

热忱，使我们的决心更坚定；热忱，使我们的意志更坚强！它给思想以力量，促使我们立刻行动，直到把可能变成现实。不要畏惧热忱，如果有人愿意以半怜悯半轻视的语调把你称为狂热分子，那么就让他这么说吧。一件事情如果在你看到舍得为它付出，如果它是对你的努力的一种挑战，那么，就把你能够发挥的全部热忱都投入到其中去吧。

北大校园中有一尊塞万提斯的铜像，这是西班牙马德里市送给北大的礼物。透过这座铜像，很容易使人联想起那个骑着匹跛马、手舞长矛、满腹雄心壮志的堂吉诃德兴冲冲地奔向风车的样子，但却遭遇到惨痛的失败。可是面对伤痛，他却根本没有任何萎缩的痕

知识点链接：

塞万提斯，文艺复兴时期西班牙伟大的作家，出生于一个贫困之家，塞万提斯本人一生的经历，就是典型的西班牙人的冒险生涯。他创作的长篇小说《堂吉诃德》虽然未能使塞万提斯摆脱贫困，却为他赢得了不朽的荣誉。

迹，在短暂的痛苦过后，他依旧是那么兴高采烈，依旧充满自信地向自己的假想敌冲击。他是不合时宜的，他的理想在这个坚固传统的国家一次次地碰撞，一次次地被那些庸俗的人嘲笑。可是他却从来没有学会放弃，他的精神也最终会被后人理解。这种对理想热忱的精神是这尊铜像给予中国人最宝贵的财富。

记得有位伟人如此警告说："请用你的所有，换取对这个世界的理解。"我想这样说："请用你的所有，换取满腔的热情。"

·吹毛求疵，于事无补·

人的一生是在与人相处的一生，不管是学生时代还是创业阶段，与周围的人相处不好将会影响学业和事业成功。生活和工作中会有很多矛盾，一个人即使为协调人际关系做出了很多努力，却仍然不能完全免除同别人的冲突。你提供的意见没被采纳，于是你牢骚满腹，说是埋没人才。同学之间出现了摩擦，气氛不很和谐，你牢骚满腹，说是世态炎凉……

其实，只要人们之间发生交往，就会或多或少产生矛盾。观点不同，趣味相异，感情不和，个性抵触，工作不顺等等很多类似的矛盾会出现在我们的身边。难免有的时候我们会发出"道不同不相为谋"的感叹，也难免会发出牢骚怨言，感叹命运对自己的不公。可是，正如哈伯德说的，"当你说老板刻薄时，恰恰证明你自己是刻薄的；当你说公司到处都是问题时，恰恰你自己也有问题。"其实真正的问题出在自己身上。

人最大的缺点莫过于自己看不到自己的缺点，反而对别人吹毛求疵。

停止你的抱怨吧！你所埋怨的并不是真正的原因，根本原因就在你自身。你抱怨的行为本身，正说明你倒霉处境的咎由自取。喜欢抱怨的人是没有立足之地的，烦恼更是心灵的杀手。缺少良好的心态，如同收紧了身上锁链，将自己紧紧束缚在黑暗之中。

一个公司里，没有人会因为坏脾气和消极的心态而获得荣誉和提升。仔细观察任何一个管理健全的机构，你会发现，最成功的人往往是那些积知识点链接：

“牢骚太盛防肠断，风物长宜放眼量”的典故：1949年3月28日夜柳亚子作《感事呈毛主席一首》：“开天辟地君真健，说项依刘我大雄。夺席谈经非五鹿，无车弹铗怨冯驩。头颅早悔平生贱，肝胆宁存一寸丹！安得南征驰捷报，分湖便是子陵滩。”分湖为柳亚子家乡。意为他要回家隐居。毛泽东遂于1949年4月29日作《七律·和柳亚子先生》：“饮茶粤海未能忘，索句渝州叶正黄。三十一年还旧国，落花时节读华章。牢骚太盛防肠断，风物长宜放眼量。莫道昆明池水浅，观鱼胜过富春江”应和。于是，柳亚子作诗“昆明池水清如许，未必严光忆富江”应和。

比尔·盖茨，20世纪90年代成为世界首富至今十六年。美国微软公司主席和首席软件设计师，1955年10月28日出生于美国西雅图。十三岁时开始计算机编程，1973年，进入哈佛大学学习，三年后辍学创建微软公司。他开发的个人计算机软件windows成为最为广泛应用的系统软件。盖茨夫妇热衷于慈善事业，目前已累计捐赠数百亿美元用于支持在全球医疗健康和教育领域的慈善事业。

极进取、乐于助人、能适时给他人鼓励和赞美的人。身居高位之人，往往会鼓励他人像自己一样快乐和热情。人往往是在克服困难的过程中产生勇气、培养坚毅和高尚的品格的；而常常抱怨的人，终其一生都不会有真正的成就。

有一类人专门喜欢挑老师和同学的缺点，并以此为乐，其实他们自己也无法做到十全十美，却要求别人尽善尽美。仔细分析，其实这些人是在用挑刺来证明自己的聪明，希望从中获得满足。这不仅仅是心态问题，更是个人修养问题。

如果挑剔能带给我们美好的生活，那自然是美好的事情。但这是不可能的，对于已经发生的事情过分挑剔，什么也不能挽回。毛泽东说：“牢骚太盛防肠断，风物长宜放眼量。”这才是智者应有的心态。

生命太短促了，我们不能将自己的美好青春浪费在抱怨中。比尔·盖茨说：世界是不公平的，现在是这样，将来也是这样。比尔·盖茨并不是悲观，他是正视现实。我们相信社会是逐步走向美好，走向平等、民主、自由。但平等、民主和自由都是一个相对的概念，绝对的平等、民主和自由是不存在的。所以正视现实吧！我们能做的，是让我们的生命在有限的时间中得到其应有的价值。事实上，我们所抱怨的多是一些小事情，一些应该不屑一顾和很快应该忘记的小事情。不要让这些小事牵绊了自己，让我们把自己的时间、生活只用于值得做的行动上，去想一些伟大的思想，去经历真正的感情，去做必须做的事情。

法国思想家蒙田说：我想靠迅速抓紧时间，去留住稍纵即逝的日子；我想凭时间的有效利用去弥补匆匆流逝的光阴。蒙田一生都在思考人生和社会，但还是觉得光阴过得太快，岁月不等人。英国诗人布莱克高歌：一粒沙里见世界，一朵花里见天国；手掌里盛住无限，一刹那便是永劫。生活有理想，我们便不会再为那一些烦琐小事而怨天尤人；懂得时间的珍贵，生活中的阳光则会填补我们生命的每个角落。

还是让我们记住海伦·凯勒的那句话吧：“将生命中的每一天都当做最后一天来看待。”那时我们的目光将不会再狭隘，我们的心态将会乐观豁达，我们的人生也将丰富而美好！

两封信没有分开，你径直做训练题吧。

·趣味测试&魔鬼训练之全力以赴篇·

[训练题一] 全力以赴！

成功不取决于年龄、学历，甚至不取决于你的经济能力、社会背景。成功，取决于一个决定。只有你自己才能做出这个决定。你立志要改变自己、家人和众多人的命运，你立志要让更多的人梦想成真，你必须郑重地做出关系到你一生的承诺，并且坚忍不拔，直到成功。

承诺的三个等级：试试看、尽力而为、全力以赴。

试试看：根本不会成功；

尽力而为：有可能成功，但成功的概率非常小；

全力以赴，才可以取得成功。

我经常听到很多同学告诉我说："我想戒掉打游戏机的毛病。"

我就立刻问他："是想要，还是一定要？"

他说："嗯……嗯……"

我说："你只是想要，而不是一定要，这样是戒不掉的。你想了多久了？戒掉了吗？"

他说："我想很久了，确实还没戒掉。"

他为什么不能戒掉呢？因为他只是想，并不是一定要，想要和一定要是不一样的，只有一定要的人才会拿出行动，并坚持到底。

有很多人喜欢讲："我试试看吧"或者是"我希望能……"、"差不多吧"、"也许行吧"；

还有一些人在办事的时候，总是说："我争取吧"、"我尽量吧"、"我尽力而为"；

从今以后不要讲这些词，因为它不会帮你成功，要讲"我一定要"、"我肯定要"、"我绝对要"、"我必须要"、"百分之百全力以赴"，只有这样想，你才会有好的表现与成功的机会。

请回答以下问题，作自我分析：

1. 我到底是想成功，还是一定要成功？

2. 我有哪些需要改变的地方？

3. 我是应该改变，还是必须要改变？

4. 我要采取什么样的行动？

5. 遇到阻力时我将怎么办以确保自己全力以赴？

[训练题二] 培养你的热忱。

有位妇女在厨房洗碗，透过窗户，她看到自己的小孩在后院不停地蹦来蹦去，玩得满头大汗。她便对小孩喊道："你在干什么？"

小孩停下来，很认真地回答："我要跳到月球上去！"

对孩子的异想天开，这位年轻的妈妈没有泼冷水，也没有骂他"小孩子不要胡说"或"赶快进来洗干净"之类的话，而是说："好，去吧！不要忘记回来喔！"

这个小孩后来成为第一位登陆月球的人，他就是阿姆斯特朗。阿姆斯特朗感谢他的母亲，因为即使是面对他那样不切实际的幻想，她也会付诸满腔热忱，而这种热忱推动他最终实现了儿时的梦想。

你的热忱是否遭受过打击？（如你想邀朋友一起去游泳，却被他泼冷水："算了吧，没时间！"你说要去爬山，他更不屑："你真的有这个兴致？那你自己去吧！"）把它写下来：

当你的热忱遭到打击时，你的感受如何？

有没有体会到没有热忱给学习、生活、娱乐带来的损害(如互相逃避,互相不认同,没有欢乐)?

你是否也打击过别人的热忱?对方会有什么感受?

你在哪些方面需要热忱?你会如何表现出自己的热忱呢?

你愿意去营造一种充满热忱的环境吗?你会怎么做?

[训练题三]抱怨于事无补,停止抱怨!

1. 列出你所有的抱怨(如家长唠叨、作业太多):

2. 选择最让你痛苦的两三项:

3. 观察、设想其他人对同一事物有无不同的态度:

4. 尽量找出所抱怨事物的积极因素,越多越好:

5. 采用相关而相反的表达方式(如我喜欢听爸爸妈妈教导我、我喜欢多做作业多练习):

____

____

6. 停止抱怨，采用新的表达方式，反复练习，直到不再抱怨，或使原来抱怨的事物为我所用。

____

____

今天是这一年的最后一天，此刻是这一年的最后一个小时。外面恰好下雪了，那么多雪花轻轻落在窗前，好美的季节啊。我的信已经陪伴你度过一个学期了，从繁盛的夏季，到了洁白的冬天，也许你一直在问我是谁，不要着急，你很快就能知道了。愿你有个好的心情，在期末考试中考出好的成绩，好多双眼睛注视着你。

祝你学习进步。

你的大朋友　倪甫清

12 月 31 日

看完信，杨略觉得心平气和。看窗外大雪又扬扬洒洒地下了一个下午，将上午人们踩出的足迹都轻轻覆盖了。同学们心思已经不在课堂里，纷纷想下课后又可以踏入一片没有足迹的雪地了，心中就高兴得有些发酥。

幸好下午是语文课，老师将同学们的心思勾了回来，他先让大家齐声念毛泽东的《沁园春 · 雪》:“北国风光，千里冰封，万里雪飘。望长城内外，惟余莽莽，大河上下，顿失滔滔……”

读着诗中的豪情，看着窗外的雪景，同学念得身临其境，情景交融，不免心潮澎湃，心中领悟到诗歌浩大雄阔的美，仿佛纵马驰上巍巍山峰，而后勒马俯瞰大好河山，任浩荡的大风迎面而来，卷起身上白衣飘飘，卷起心中豪情万丈。

等同学们念完，老师意犹未尽，竟又背起徐志摩的诗歌《雪花的快乐》：

假如我是一片雪花
翩翩地在半空里潇洒
我一定认清我的方向
飞扬，飞扬，飞扬
你看，我有我的方向

随着老师舒缓轻柔的语调，同学们也感觉自己身体渐渐轻浮起来，都成了一朵雪花，从高远的空中轻轻飘下。特别是老师闭着眼睛，念着“飞扬，飞扬，飞扬”的时候，声音渐渐攀升，而同学们的心灵也随着款款飞起，是蝴蝶的翩跹，还是天鹅的气定神闲？在清冽明净的空气中，自由地飞扬，飞扬……

杨略心中赞叹：这才是文学的美啊，同是描写雪景，毛泽东显示出自己的雄才大略，而徐志摩则袒露自己的似水柔情。同学们朗诵时，也浑然感觉不到以往背诵诗歌的痛苦。

这才是真正的学习呢。杨略心中觉得愉快。

第七章

力量可能用于屠杀同类，智慧可能用来谋财害命，而礼节则可能用来虚张声势。只有具备了美好的品德，才能为社会作出最大的贡献。

这一年元旦和春节仅相距二十天，等杨略考完试，距离春节就剩一个星期了。

在考试前，杨略明白了放大镜聚焦阳光，能将树叶点燃的原理，复习时也不多做题目，每门功课都只是专注于课本，该背的背，该记的记，不出半个月，基础知识就烂熟于心。正所谓根深方能叶茂，基础扎实了，略微做些题目，觉得一通百通，左右逢源。到了期末考试，语文发挥自然不错，数学和自然的试卷虽然最后一道难题解不出来，不过前面的题目全部拿下，分数就相当可观。因为每份试卷都以简单、中等的题目为主，难题的比重相当小。英语成绩不可能一蹴而就，杨略心中也不着急。

这样一场考试下来，他的成绩相当不错，挤入了全班前十名，虽然和葛怡相比还有一定距离，不过还有一个学期呢，按照自己目前的进步速度，应该可以在中考前与她平起平坐的。想到这些，心就鼓鼓囊囊，像是盛满风的船帆。

成绩单拿回家，爸妈比他还要高兴，夸耀了一番后，就问他要什么奖励。杨略想起陈高照口中的乡村生活，就提议爸妈回老家过年。恰好爸妈早就有这个想法。因为爷爷去年春天刚刚去世，奶奶一人在家过年难免孤单冷寂，想把她接到城里来，她却总推托，说是不会坐车。爸妈于是就萌生出回去过年的想法，就怕杨略不乐意回去，所以还没有向他提起。

如今双方的建议不谋而合，自然皆大欢喜。

杨略爸爸自己有车，免却了春运买票难、上车挤的痛苦，从杭州到温州瑞安，才花了三个小时就到了。不过从瑞安市区到那个小山村，却一路颠簸，又花了两个小时。到了奶奶家，已经是夕阳西下的时间了。

在大家印象当中，浙江农村——尤其是温州农村，肯定都是富得流油。

其实也不尽然，奶奶所在的村子地处偏远，临近朱自清笔下的梅雨潭，风景自然秀丽，但是经济却不发达，奶奶至今还与几户村民合居在一座老屋里。周围零落建起了新房子，而且还有不少三层楼，但大多数红砖外露，未经粉刷就住进去了。

老屋历史悠久，已经十分陈旧：木板黑褐枯槁，可以分明地看见凸起的木纹；外围的墙面布满黑苔，用石子一划，就能留下清楚的白痕。不过老屋虽然有些破败，屋檐上的楠木大柱，堂屋高高的门槛，厚厚的大门，仍给人一种庄严肃穆的感觉。尤其是那些图案精巧古朴的窗户，还让人想象得出昔年的昌盛和浪漫，木纹和墙缝中似乎还嵌着无数悲欢离合的故事。

村子后面有椅背型的山坡，虽是冬天，还能看到遍坡布满青苍翠碧的松树竹林，若是春天，远望去犹如一个巨大温软的绿色摇篮，养育着一方百姓。村子前面有名为兰溪的小河，河水淡绿，岸上垂柳的叶子落尽，光秃的枝条更显细长，边上有一丛丛的芦苇，洁白的苇花如同云团，上面躺着一轮酡红的夕阳。

杨略很小的时候，由于爸妈工作繁忙，他在乡下奶奶家度过很长一段时间。上小学后，每年暑假也都是在这里度过的。他和几个堂哥在村口的小河学会了游泳，在村后的小山上学会了使用弹弓。在这里，四处都能触动他的回忆。

不过，在乡下过年，这还是头一次。

杨略一家的到来，给奶奶带来了无限的欢欣。

杨略进门后叫了声："奶奶。"奶奶应声过来，欢喜地笑眯了眼，上上下下地打量，说："略略都和你爸爸差不多高了。日子过得真是快啊，好像略略刚出生，抱在怀里才这么一点，一下子蹿得这么高了。"说着她还用双手比了一下，尺寸近似一条小狗。但在杨略眼里，奶奶还是老样子，十几年来似乎一直没有变化，操劳了一生，脸上布满皱纹，如同起伏的山丘。一个人短短的一生，也有着这样的沧海桑田。

爸爸妈妈把年货从车上搬过来，奶奶口中就埋怨："人来就好了，还买这么多东西，多浪费钞票。"爸爸又把自己的手提电脑和打印机拿下车来。爸爸业务繁忙，春节假期也不能闲着呢。

在这样的小山村里，开辆小车来是件新鲜事，所以很多小孩就围到奶奶家门口。一个个都在欣赏小车，对杨略的出现也很好奇，却不敢上前，远远地只是看，都是脸色黝黑，大眼睛忽闪忽闪的。几个与杨略从小一起长大的孩子随着年岁增大，却羞涩了许多，门口一闪，就躲开了。不像以前那样拉上杨略的手就走，而后摆弄出自己珍藏的宝贝，一个铜钱，或是几枚漂亮的石头。

两个伯父得了消息，一脸微笑地迎了过来，同来的还有几个堂哥。杨略一一叫了，照例又被说了一堆"个子高了"。

杨略的两个伯父各有一子一女，有龙有凤，这在农村里是最理想的。堂姐均已出嫁，两个堂哥一个叫杨祥，一个叫杨富，都要比杨略大上十来岁。那杨祥体型日益臃肿，浑身每个部件，脸庞、肚子、胳膊，好像都是圆滚滚的，脸上的肥肉将眼睛挤成一条细缝，下巴上的肉堆成三层，似乎一走路就会上下跳动，像弹簧秤一样。

而杨富则与之形成鲜明对比，他身材还算高大结实，却是黝黑拘谨，脸上带着愁苦之色，虽是三十出头，看上去却像四十岁的。杨略每次看到他，就会想到长大后为生计所迫的闰土。

吃过晚饭，一家三口围在奶奶身边，聊些家常。奶奶先是问了爸爸的公司、妈妈的医院，然后说："钱赚多赚少，够用就行了，也不用贪心的。身体好才是最要紧的。"爸妈点头称是。奶奶又问了杨略的成绩，心里愈发高兴，说："你的几个堂哥堂姐都不是读书的料，我们家里现在就全指望你了，读书认真点，以后争取考到清华北大去。"

从奶奶的口中,他们逐渐知道了两个伯父的近况。

两个伯父年岁渐老，在家就渐渐失去地位。大伯父家的堂哥杨祥在一个建筑工地当包工头，一年能赚个十来万，在村子里算一号人物，平时腆着大肚子，在家颐指气使，大伯父不敢与之争锋，在外也瞧不起人。这几天刚刚回家，立刻去镇子上赌博，最多一晚输了五六千，回来就打媳妇出气；偶尔赢了就喝得酩酊大醉回来，有一次晚上醉酒骑摩托车，在半路摔了个大跟斗，腿上的伤现在还没好呢。

二伯父家的杨富却刚好相反，生性憨厚，空有几斤蛮力气，除了农忙时节在家干活，平时就去附近采石矿挑石头，每天能挣个五十来块工钱，除去自己饭菜烟酒钱，还能余下三十来块填补家用，过过日子还能凑合。只是他思想陈旧，东躲西藏生下三个女儿，两个寄养在外，一个嬉闹于家中，却还计划着要个儿子，日子十分清苦。其实即使下一胎如愿以偿，生下个儿子，杨富也面临一个尴尬的处境，那就是四个孩子笨了不行，聪明了却也不好。现在培养一个孩子上学何其艰难，更何况是四个。这样一来，他自然苦得很。可是，这又怪谁呢？

杨略听了心里沉重，在他印象当中，农村总是民风淳朴，景色如画，万没想到也有这么多丑陋落后的东西。

爸爸说："尽管现在农民生活有所改善，温饱问题都解决了，但是文化素质、品德修养并没怎么提高。大家除了干活，吃饱了饭，闲下来空虚无聊，很多旧习俗旧思想就卷土重来。超生的超生，赌博的赌博，打架的打架。难怪老人们要说世风日下了。所以我们要加强教育，培养大学生，提高总体素质。从某种角度说，上大学并不光光是学会赚钱，还要学会如何更好地做人，合理地花钱。"这分明是对杨略说的。

杨略知道，虽然杨祥很有钱，对外却是一毛不拔。当年爷爷身体硬朗时，两个伯父家要采桑就帮忙采桑，插秧时就下田插秧，累出病来后，却受到了他们的冷落。杨富没钱无法过问，还算情有可原，可杨祥不理不睬，却无论如何说不过去了。事实上，从医疗费到办丧事的费用，都是爸爸一力承担。当时爸爸和杨祥闹红过脸，倒不是为钱，而是痛恨他泯灭了良心。

聊着聊着，大家情绪就有些低沉，夜渐渐深了，于是安排睡下了。乡下的房子就是宽敞，在大伯父家杨略独自占了个房间，爸妈住在隔壁。杨略一方面是心绪难平，另一方面是陌生的床上有些不习惯，翻来覆去难以入睡，于是索性不勉强自己入睡，竖起耳朵听窗外蟋蟀和不知名的虫儿的低鸣，那么柔和的声音，比城里要清晰得多，清亮得多，渐渐让杨略觉得心灵熨帖，全身上下无处不舒适，于是意识开始迷糊，隐约听到隔壁敲击键盘的声音。爸爸真是太辛苦了，还在为公司的事情忙碌着呢。杨略这样想着，很快又被一阵睡意带入梦乡。

尽管很多事情不尽如人意，但是春节期间的农村到处喜气洋洋，张灯结彩，冲淡了这些不快。这天已是腊月二十九，第二天就是除夕，恰好是个艳阳天，大家都忙着大扫除，桌子凳子都搬到河边清洗一遍，在阳光下闪闪亮亮。房子的角角落落，沟沟坎坎也都打扫得干净。杨略则帮爸爸贴春联，字是爸爸写的，或是“人寿年丰”，或是“五谷丰登”，都是吉祥的好词。爸爸踩着梯子，将它们贴到门楣上，红艳艳的十分好看。杨略负责递糨糊，尽管手冻得通红，却也兴高采烈。

这时杨富的大女儿进来，她今年八岁，穿着红色棉袄，圆鼓鼓的，扎了两条辫子，有些腼腆地喊道：“叔叔，有你的信。”她口中的叔叔自然是杨略。杨略听着很不习惯，她自己也害了羞，放下信跑开了。

杨略擦了擦手，捡起了信，发现信封是红色的，上面写着：“清河湾村杨新谷转杨略收”，落款又是倪甫清。这个杨新谷正是二伯父的名字。这个倪甫清莫非真是神仙？不然他怎么能知道了自己的行踪，还知道二伯父的名字？

他表情有些发呆，脑中一阵紊乱。爸爸在梯子上问：“略略，是谁的信？”

杨略含糊地回答:“是一个老师写来的。”

爸爸说:“那你去看信吧,春联我一个人就能贴好了。”

杨略答应着,恍惚中就来到自己的房间里,拆开了信看。

杨略:

见字如面。

你收到信的时候，肯定已经是临近春节了。你在乡下更应该感觉到浓浓的年味,浓浓的人情味。

是啊，人间是无比美好的：春天百花盛开，姹紫嫣红；夏天绿树浓阴，蝉鸣悠长；秋天丹枫醉红，稻谷飘香；冬天白雪覆盖，天地一片素净。

这是多么美好的世界！而人呢,作为高智商生物，不应该是最美的吗?

莎士比亚在《哈姆莱特》当中，对人类进行了热烈的歌颂：

“人是一件多么了不起的杰作！多么高贵的理性！多么伟大的力量！多么优美的仪表！多么文雅的举动！在行为上多么像一个天使！在智慧上多么像一个天神！宇宙的精华！万物的灵长！”

尽管莎士比亚多从人的力量、智慧、礼节方面来歌颂人类，但是我们都知道，只有在人的品德健全的情况下，这些优点方能一一展现。否则，力量可能用于屠杀同类，智慧可能用来谋财害命，而礼节则可能用来虚张声势。

所以，只有具备了美好的品德，才能为社会作出最大的贡献。

·正直如树,善良如水·

人品不像骨架子，一眼就能看出大小。但又确是一副精神和骨架，撑着一个人的身躯走东奔西。于是就有了形形色色的人，各式各样的披挂和身架。有些人看上去很魁伟，与之相处一久却觉得其矮小猥琐；有些人毫不起眼，终让你在他平淡如行云流水中领略到山高海深。看不见的力量才是大力量，那就是人的品格魅力。

曾国藩有"修身，齐家，治国，平天下"九字原则，其中将"修身"列在第一位，视为"齐家，治国，平天下"的基础。根深蒂固，方能枝繁叶茂。而在道德修养中，"正直"与"善良"是最重要的。

正直是一种风骨，如同山崖苍松，冬里腊梅，于风急雪大处方显出风标高峻。不能想象一棵歪扭斜长的树派上大用场（自然也难奢望每一棵枝干挺拔的树都能派作栋梁）。天和地之间的各种诱惑太多了。四方风雨太多了，站直了委实不易，此乃生活；偏要努力站直了，乃是生活的诗。

对于一个普通人而言，更多的是从一些偶然的小事上折射出他生命的光泽。

前两年上海一家极有名的外资宾馆招聘部门经理，应聘者众，最后筛选下十人由总裁面试而定。小柯忐忑不安地走进考场，还未坐定，总裁一脸惊喜地奔来拥抱，"我可找到你了！"总裁转身对秘书说："多亏这位年轻人上周在公园湖里救了我女儿，他不留姓名就走了，正巧在这里碰上了。"小柯顿时浑身发热，他已经感到了命运女神的微笑，但是心底的另一种声音在坚韧地提醒他。他平静下来，诚实比录取与否更重要。"不，先生，您认错人了。""认错了？不，不，我记得那年轻人脸上也有这一颗痣的。"小柯更坦然起来："是认错了，先生，上周我没去过公园。"

两天后小柯去宾馆任了职，十人中被录取的只有三人。休息时，小柯问总裁秘书："总裁女儿的救命恩人找到了吧？"秘书大笑起来："什么呀，总裁根本没有女儿。"

这则小故事曾使我很感动。是啊，正直就意味着自己具有很强烈的道德感，并且高标准地要求自己，随时准备服从自己的良知，勇于坚持自己的信念，在需要的时候义无反顾，不计较自己的利益得失，站出来表达自己的意见。

正直的人绝不是一个攀附权贵、口心不一的人，他不会心里想一套，口里说一套，实际行动中做的又是另一套。他有自己的原则，所以不会撒谎，而且也很少内心矛盾——它是一个真正的忠实于自己做人标准的人。

正直的人生会带来许多好处，例如他人的友谊、信任、钦佩和尊重。正直是一种人格标准，它与人的声望、金钱、权力以及任何世俗的标准不同，它是内在的、难能可贵的、无往而不胜的。他们不改初衷，坚守信念地艰难前行。这些正直的人撑起了自己为人立世的骨架，也撑起了我们人类社会的脊梁。

而善良则是一种温情，轻柔似水，暖如春风，让老树发出新芽，拂去心灵上的伤疤，给人间以无限生机。曾经在某杂志上看到这样的故事：

中午高峰时间过去了，原本拥挤的小吃店，客人都已散去，老板正要喘口气翻阅报纸的时候，有人走了进来。那是一位老奶奶和一个小男孩。

“牛肉汤饭一碗要多少钱呢？”

奶奶坐下来拿出钱袋数了数钱，叫了一碗汤饭，热气腾腾的汤饭。奶奶将碗推向孙子面前，小男孩吞了吞口水望着奶奶说：“奶奶，您真的吃过中饭了吗？”“当然了。”奶奶含着一块萝卜泡菜慢慢咀嚼。一晃眼工夫，小男孩就把一碗饭吃个精光。

老板看到这副景象，走到两个人面前说：“老太太，恭喜您，您今天运气真好，是我们的第一百个客人，所以免费。”

之后过了一个多月的某一天，小男孩蹲在小吃店对面像在数着什么东西，使得无意间望向窗外的老板惊呆了。

原来小男孩每看到一个客人走进店里，就把小石子放进他画的圈圈里，但是中餐时间都快过去了，小石子却连五十个都不到。心急如焚的老板打电话给所有的老顾客：“很忙吗？没什么事，我要你来吃碗汤饭，今天我请客。”

像这样打电话给很多人之后，客人开始一个接一个到来。

终于当第九十九个小石子被放进圈圈的那一刻，小男孩匆忙拉着奶奶的手进了小吃店。

“奶奶，这一次换我请客了。”小男孩有些得意地说。

真正成为第一百个客人的奶奶，让孙子招待了一碗热腾腾的牛肉汤饭。而小男孩就像奶奶之前一样，含了块萝卜泡菜在口中咀嚼着。

“也送一碗给那男孩吧。”老板娘不忍心地说。

“那小男孩现在正在学习不吃东西也会饱的道理哩！”老板回答。

吃得津津有味的奶奶问小孙子：“要不要留一些给你？”

没想到小男孩却拍拍他的小肚子，对奶奶说：“不用了，我很饱，奶奶您看……”

故事里交织着一种感人肺腑的温情，无论是老奶奶、小男孩，还是老板与老板娘，他们无一例外都是那么善良，仿佛一段缠绵温馨的小提琴曲，唤醒人们心中最纯真的感情，奏出了世界上最美好的乐章——心灵的交响曲。

所以，正直和善良是相辅相成的，正直如高山，笑傲风云；善良如流水，滋养生命。它们一刚一柔，共同组成生命的根基。只有根基扎实了，参天大树、摩天大楼才能矗立起来，不被风浪所撼动，不为蝼蚁所侵蚀。

·诚信守信，魅力之本·

如果把“诚信”解释为诚实守信，还不够积极；因为这“信”字还不乏自信的含义。因为真诚，所以心胸坦荡，所以满怀信心。反过来，正因为自信，无须过分依赖他人，所以待人真诚。这两者互为因果。人们都喜欢和诚实的人交往共事。也许你无法让所有的人都喜欢你，但是至少可以让大多数人都依赖你。诚实的人日久天长会逐渐形成宽容博大的胸怀，周围充满微笑和友爱；心思纯洁的人会渐渐养成自然的习惯，周围充满宁静和平的氛围。

所以，人格魅力的最大秘密就是诚信！无论是爱情、生活、工作与学习的哪一个场合，缺乏诚信就没有人格魅力，就没有真正的“身价”。

有位樵夫在河边砍柴，一不小心，斧头掉到了深水里。他丢了谋生的工具，无脸回家，于是坐在河边号啕大哭，悲叹自己运气很坏。赫耳墨斯来了，问他为什么要哭。他把自己的不幸告诉了赫耳墨斯，赫耳墨斯就跳到河里。第一次打捞出一把金斧头，问他落到水中的是不是这一把。樵夫摇摇头：“不是。”赫耳墨斯再次下水，又捞上一把银斧头。樵夫还是摇头。赫耳墨斯第三次下水，这次捞上来的正是樵夫落水的那把斧头。樵夫大喜：“就是这把。”赫耳墨斯非常称赞他的诚实，就把金斧头和银斧头也送给他了。

这位樵夫在金斧银斧面前，因为自己的诚信而失去了一些他想要的东西。他家境贫寒，金子银子不正是他迫切需要的吗？但是用自己的诚信获得了神的信任，最终也给自己带来了更大的财富。在我们的人生旅途中，我们也会由于诚实而暂时错过一些东西，但是，从长远的人生来看，这些都算不了什么。因为我们需要的是建立信用，树立真正诚实的名声，让我们被人信赖。而这些都不能是金钱可以衡量的。

对于学生而言，只有具备了诚信的品格，才能在以后的人生路上踏实前进，开创出自己的一片天地。

一位物理学家对我讲过一个故事：

一次，他的一个研究生和一个同学一起上街，在商店里捡到一个钱包。这个研究生出了个“馊主意”，他让那同学把钱包交给商店保卫部门，自己再去冒领。后来真正的失主来报案，事情败露。这位物理学家毫不犹豫地把这个研究生开除了。他说：“我不信任他，如果将来做实验，他擅自修改数据怎么办？”

这个教训是惨痛的，因为科学是老老实实的学问，不勤勤恳恳、老老实实的人是不适合做这个工作的。其实，不仅仅是科学事业如此，我们的日常生活也是如此。我们都不喜欢不诚实的人，因为跟这种人打交道不保险，总得提心吊胆，生怕上当受骗。这种人迟早是要被孤立的。只有诚信的人，才能脚踏实地，换取别人的信任，获得事业的成功。我们身边也有一些喜欢贪小便宜的人。他们用学校或公司的电话打私人长途、多报销出租车票。也许有人认为，学生以成绩、事业为重，其他细节只是一些小事，随心所欲地做了，也没什么大不了的。然而，就是那些身边的所谓“小事”，往往成为一个人塑造人格和积累诚信的关键。

因为诚信是一枚凝重的砝码，放上它，我们的生命的天平就不会摇摆不定，我们生命的指针将稳稳地指向一个方位，那里，正是我们的理想。

·乐观，灵魂的润滑剂·

我们都希望自己的生活愉快而充实，但生活总会出现一些风波，使自己笼罩在阴影之下：诸如理想自我与现实自我的差距，无端受到别人的指责等等。面对这些不愉快的事，有些人能够妥善地处理，经过一段时间的努力使自己的心态恢复平静。有些人则不能好好处理，要么诉诸愤怒和武力，要么独自哀怨叹息，而这些正是损害人们心理健康的大敌。那么，如果保持愉快而积极的情感，减少或消除消极的情感呢？

非常喜欢一个小故事：

有三个砌墙工人在砌墙。有人看到了，问其中一个工人，说：“你在做什么？”这个工人没好气地说：“没看见吗？我在砌墙！”于是他转身问第二个人：“你在做什么呢？”第二个人说：“我在建一幢漂亮的大楼！”这个人又问第三个人，第三人嘴里哼着小调，欢快地说，“我在建一座美丽的城市。”

姑且不看三个人未来的命运如何，单是看到第三个人工作的态度就非常令人钦佩。如果都像第一个人，愁苦地面对自己的工作，我想再好的工作也不会有什么成效；而同样平凡的工作，一样的看似简单重复，枯燥乏味，有人却能以快乐的心情面对，在平凡中感知不平凡，在简单中构筑自己的梦想，我想又有什么样的困难不可以克服呢？

在快乐中工作，以积极的心态去面对平凡的工作，用感恩的心去对待自己身处的环境，哪怕你现在只拥有一个砌墙铲，你也要感谢命运——原来它是上帝有意送来的。用心体味人生，在简单中自然会创造出辉煌的成就，我想第三位砌墙工人的命运大家也会猜到，他终能成为前二位的老板。

同样三个学生在做练习题，有人问你在干什么？第一个学生说“我在做练习题（潜台词是：完成作业，真苦）”；第二个学生说“我在做功课（潜台词是：争取考个好分数，没办法）”；第三个学生说“我在学习（潜台词是：为实现人生理想，砌好第一块基石，这是件快乐的事）”。三种不同的学习态度，将决定三位同学今后的前途。

乐观的心态使我们积极面对人生，悲观的心态让我们消极地看待一切。而乐观与悲观仅仅一念之差。我们有何理由不让自己活得更快乐些呢？做个乐观的人，微笑着对待自己，微笑着对待周围的一切人或物。当我们面对一位乐观的人，看着他脸上的微笑，我们的第一感觉是什么，是亲切？是信任？或者两者都有。因为乐观的人让人看到希望，看到他蕴涵着的无穷的力量。

雪融化之后会变成什么？多数的大人会异口同声地回答：“水。”

但是有一个小孩却回答：“变成春天。”

面对今天的遭遇，大人的脸犹如寒霜，小孩却以等待春天的心，高兴地准备迎接明天了。

人生旅途中，每个人都必然尝试过失败的滋味。不要指望一帆风顺的人生，因为那是不存在也不完美的人生，真正完美无憾的人生是由成功和失败、欢笑与泪水共同铸就的。但只要你拥有微笑、拥有一颗乐观向上的心，成功和欢乐最终必定是属于你的！因为幸福期待的是哭过的人、受过伤害的人、有追求的人和努力过的人。只有他们才能真正领悟到那些触动生命的人或事的重要性。

·宽容，让天地变得宽阔·

从前有一个男孩，脾气很坏。他父亲给了他一袋钉子，并且告诉他，每当他发脾气的时候就钉一个钉子在后院的围栏上。第一天，这个男孩钉下了三十七根钉子。慢慢地，每天钉下的数量减少了，他发现控制自己的脾气要比钉下那些钉子容易。于是，有一天，这个男孩再也不会失去耐性，乱发脾气。他告诉父亲这件事情。父亲又说，现在开始每当他能控制自己脾气的时候，就拔出一根钉子。一天天过去了，最后男孩告诉他的父亲，他终于把所有钉子给拔出来了。

父亲握着他的手，来到后院说："你做得很好，我的好孩子，但是看看那些围栏上的洞。这些围栏将永远不能回复到从前的样子。你生气的时候说的话就像这些钉子一样留下疤痕。如果你拿刀子捅别人一刀，不管你说了多少次对不起，那个伤口将永远存在。话语的伤痛就像真实的伤痛一样令人无法承受。"

人与人之间常常因为一些无法释怀的坚持，而造成永远的伤害。如果我们都能从自己做起，开始宽容地看待他，你一定能收到许多意想不到的结果。别人开启一扇窗，也就是让自己看到更完整的天空。

所谓宽容，就是指对他人的要求不过分，不强求于人，而是宽以待人，能让人时且让人，能容人处且容人。宽容是一种美德，也是一门艺术。然而，宽容绝不是放纵或者听之任之，而是在严格要求的基础上的一种处事方法。

人们交往贵在与人为善，宽以待人，尽可能向他人提供方便，尽量给予他人帮助。可以说，宽以待人是一个道德水平较高的表现。你希望别人善待自己，就要善待别人，要将心比心，多给人一些关怀、尊重和理解；对别人的缺点要善意指出，不能幸灾乐祸；对别人的危难应尽力相助，不应袖手旁观，落井下石。即使是自己人生得意马蹄疾时，也不能得意忘形，居功自傲，而是应多想想别人对自己的帮助和恩惠，让三分功给别人。人总是喜欢和宽容厚道的人交朋友的，所谓"宽则得众"就是这个意思。

宽以待人，正是以宽广的胸怀，宽容的气度，创造宽松的人际环境，大度豁达难容之事，使别人敬重和倾慕你的人品，并使你具有很大的人格魅力，特别是在竞争激烈的今天，宽以待人会使人人都喜欢与你交往。所以，宽以待人是为人处世的一个重要原则。

·适度地谦虚是一种开放式的心态·

什么是谦虚？谦虚就是有容忍之心。人的心，正如一个水杯，倘若它已经盛满了，当然无法容纳再多的水。所以，要想学到更多的知识，请先把心里的水倒掉。只有谦逊，才有更多的知识充实你的心灵。须知弯下来的高粱常常结满了果实，而高高昂起的大都是干瘪的。

古人讲虚怀若谷，特指礼贤下士，广纳善言。又有“泰山不让砾石，江海不辞小流，可以成其大”的比喻来告诫世人要虚怀若谷，容事容人，做泰山一样的谦谦君子。

对于学生来说，谦虚就是不满足于自己所学的，而是像大海一样，吸纳着各方面的知识，不仅是书本知识，还要学做人、学做事。今天的社会需要的是“德、智、体”全面发展的高素质人才。

这是一种学习的态度，一种开放式的心态。只有拥有了这种心态，你才不会仅仅把眼光盯在分数上，因为你会深知自己欠缺什么。其实只有半桶水的人才会夸耀自己的才识，而真正胸藏珠玑、满腹经纶的人往往是谦虚好学的。爱因斯坦曾经做过一个比喻：我们的知识仿佛气球，气球越大，接触的空气就越多，我们就越发知道自己的不足。

海纳百川，有容乃大。比海大的是天空，比天空大的是宇宙，比宇宙大的是人的心。而怎么去成就真正的“大”呢？只有谦虚。先哲说，当一个人对自己的丰功伟绩念念不忘的时候，也就说明他已经江郎才尽。同样的，一个急于通过否定别人来肯定自己的人，一个通过急于掩饰自己以获得别人肯定的人，一个急于通过追忆往昔来谋图肯定的人，一个急于通过不厌其烦的自我肯定与夸耀来博取别人的肯定的人，都是不自知、不自信、不自强的人。

我们要提倡谦虚，吸纳一切可以吸纳的养分，成就自己卓越的才华。当然，对一个谦虚者来说，他的心已经不是水杯了，而是堪与容天、容地、容天下难容之事的弥勒佛无量无边肚皮相比了。

当然，谦虚也需有度。过分谦虚会让人觉得不够自信，因而失去许多机会。长期以来，广大的中小学生久浸于谦虚的氛围之中，受其影响，他们之中相当的一部分人，有才不敢外露，凡事退让为先，中规中矩，内敛少张扬。“谦虚”也渐渐变味，几乎成了谦恭、谦让、谦卑。在这种错误理解“谦虚”的情况下，学生质疑、争先与自信等等精神将逐渐受到销蚀，而盲从、怯弱与自卑等等陋习也逐步孳生蔓延。

小王是某名牌大学高材生，毕业应聘时，考官问他：“你觉得你能胜任你应聘的职位吗？”小史谦虚地答道：“现在我还谈不上能胜任，但我可以多向领导请教，向同事学习，在实践中边干边学，积累经验。”考官又带他到生产车间实地参观，小史显得有点惊讶地说：“哇，这么先进的设备，我还从没有见过呢，如果我能应聘上，一定好好学习，钻研这些先进设备和技术，希望公司能给我一个学习的机会。”就因为小史的这些谦虚话，他应聘失败。公司考官对他说：“我们招聘的是能胜任本职位工作的人才，要能立即派上用场，而不是招收培训生。”小史从考官的话语中领悟到含意，悔之晚矣。实际上，小史是名牌大学的，专业知识和技术功底扎实，在实习时也接触过类似的先进设备，完全有能力胜任那家美资企业动力设备部经理助理一职。只不过小史受“做人要谦虚”这一传统美德的熏陶较深，试图以谦虚博得考官的好感，没想到弄巧成拙。

所以，我们在学习中应当虚怀若谷，海纳百川，打好发展的基础；但是在需要的时候，我们不妨大声说：“我可以胜任！”

·君子博学而日参省乎己·

反省是一种美德，只有经常反省的人才能知道自己的缺点与优点，而后找到适合自己的人生方向，并为之努力，这样才能逐渐进步。

作为学生，时常反省显得尤为重要。在学习之余，你是否思考过如下这些问题：为什么同班的小王原来成绩只有中等水平，可如今却一跃成为班上的前几名？为什么被人认为最勤奋的小张成绩却总是不好？为什么被大家认为最不用功的小李却总能稳居前十名？同样的我，在小学时数学还常不及格，拼音也老是弄错，到了中学却变得出类拔萃。同样的老师、同样的课本、同样的作业、同样的考试，但每个人的学习结果却会有如此大的区别，这又是什么原因呢？

反省对于学生学习而言，主要是订正，对于自己作业中所犯的错误，不仅检查、而且经常反省的人，才能发现他人的长处、自己的缺点，然后学人之长，改己之短，慢慢成为优秀者。而学习的反省主要体现在对作业的订正上，只有善于订正的同学，才会进步，因为订正可以帮助我们消灭知识的盲点，因为订正可以帮助我们补上知识的"短板"。

"短板"是经济学中的一个著名原理，对于学生的学习也是一样。说的是长短不齐的木板圈成的木桶，它能盛多少水，并不取决于最长的那块木板，而是取决于最短的那块木板。

这里说一个有关反省帮助人进步的故事：

凯斯特再次失业了，到处应聘都没有回应，心里十分苦闷。一天晚上，他在自己简陋的寓所沉思。他原本有四个邻居，现在其中两个已经搬到高级住宅区去了，另外两位则成了他原来所在公司的老板。他扪心自问：和这四个人相比，除了现在的工作单位、住宿条件比他们差以外，自己还有什么地方不如他们？聪明才智？凭良心说，他们实在不比自己高明多少。

经过很长时间的思考和反思，他突然悟出了症结——自我性格情绪的缺陷。在这方面，他不得不承认自己比他们差一大截。

虽然是深夜三点钟，但他的头脑却出奇地清醒。站在镜子前，他觉得自己第一次看清了自己，发现了自己过去的种种缺点：爱冲动、妄自菲薄、不思进取、得过且过，不能平等地与人交往等等。整个晚上，他都坐在那儿自我检讨。然后他痛下决心，从今天起，一定要痛改前非，做个自信、乐观的人。

第二天早晨，他满怀自信前去面试，结果顺利地被录用了。在他看来，之所以能得到那份工作，与前一晚的沉思和醒悟让自己多了份自信不无关系。

在走马上任后的两年内，凯斯特凭着自己的努力，逐渐建立起了良好的口碑。有一段日子，公司经济状况很不景气，很多员工情绪都很不稳定。而这时，凯斯特意志坚定，已经是中流砥柱了。他力挽狂澜，让公司渡过了难关。鉴于他在危难时期作出的贡献，公司分给了凯斯特可观的股份，并且给了他丰厚薪水。

从凯斯特身上，我们可以看到，并非所有的成功都来自于你的才能，更重要的是发现自己的不足，完善自己性格情绪，只有这样才能在事业中不断前进，实现自己的梦想。

我们在成长的过程中，难免会染上一些灰尘——诸如懒惰、自卑等等。而这些灰尘虽然用肉眼不能看清，却会让我们的大脑运转不灵，直接影响我们的前程。这个时候，我们就需要时时反省，就像曾子那样每日三次反省："为人家办事情是不是尽心尽力了呢？和朋友交往是不是真诚呢？老师传给我的知识是不是复习了呢？"

我们要经常反复思考十个字：我要什么？凭什么？怎么做？

它能帮助你进一步明确目标，不要偏离方向；它能帮助你调整情绪，抹去不平的心理；它能帮助你努力不懈地去做应该做的事。

这样的反省，就好比是道人手中的拂尘，轻轻地及时地将我们心中的尘埃拂去，我们自然能轻装上阵，更健康地发展。我们不能讳疾忌医，一心想"眼不见，心不烦"，选择逃避，那只能拖延病情，直至病入膏肓。我们只有正视自己的毛病，趁着它还轻微，及时除去，这样我们的身体才能保持健康，我们的情绪才能时刻保持饱满，信心十足地迎接新的挑战。

杨略，现在是寒假，你应该尽情地玩耍，所以我就不布置训练题了，在乡村生活中，用心观察你的周围，你就能够学到更多的东西。

祝你有个美好的假期。

你的大朋友　倪甫清

1月19日

看完信，杨略想，要是几个堂哥能看到这封信，他们会有什么触动呢？他们会改变现状，还是依旧无动于衷？杨略想起倪甫清在第一封信中写的一句话：“世界每天都给我们无数的启示，而我的信或许也是其中之一。但是大多数人熟视无睹，匆匆地走自己的路，并且年纪越大，对这种启示越是麻木。这是很悲哀的事情。”堂哥的身边当然也有无数启示，但是他们还是走到现在这一步。现在和他们说这些，他们肯定会嗤之以鼻，甚至大声嘲笑：“这些东西还有谁会相信？除非他是傻子。清醒点吧，生活哪有这么简单。”

但杨略坚信事情会好转的，只要加强教育，自己这一代人，包括杨富那个怕羞的女儿在内，都会变得善良、正直、宽容、诚实、乐观。也许自己的力量微不足道，不过他读过一个故事：

在海滩上，每次下午涨潮总有很多鱼会搁浅，不能回到大海，只能无望地扑腾。有个小孩一条一条地把鱼捡起来，扔进大海。有些大人看见了，就笑话他：“你这样做有什么用，那么多鱼，你才救那么几条，谁会在乎呢？”小孩指着手中的鱼说：“可它在乎。”

是的，虽然我们无法使全人类受益，但是我们至少可以拯救身边的人。如果有更多的人这样想，这样做，那么世界就变得美好。

第二天就是大年三十，祠堂里清扫得干净，下午三点左右全村老少在此会集，各自将祭品摆在案头，有猪头、全鸡、黄酒、年糕之类。虽是白天，祠堂里却有些昏暗，好像故意要营造神秘的气氛似的。每家点了一对大红蜡烛，光焰抖抖的，就照见了前面悬挂的祖先画像，中间一位顶戴花翎，是清朝官员打扮，旁边是位凤冠霞帔的诰命夫人，脸上庄严不见表情。杨略心里有些害怕，幸好旁边比肩接踵的全是人。

老人们一脸肃穆，手中举着三根香，絮絮叨叨汇报了一年全村的情况，再插到画像前的香炉上。青烟袅袅上升，祖先的脸上浮现出神圣而缥缈的神采。杨略突然想：倪甫清会不会就是这样的形象？正想着，妇人们在一只铁锅里点了纸钱，其他人手中都点了一根香，朝祖先画像拱了拱腰，口中微微动着，想来是正在祈祷，希望祖先保佑下一年风调雨顺之类，末了也插到香炉里。祠堂里人虽多，此时却是一片静穆。小孩子们闲不住了，在人群中钻来钻去，玩闹嬉戏，却被大人一把拉住，教训了几句，只好规规矩矩地给祖先磕了头。

上香结束，祠堂外突然鞭炮齐鸣，将静穆的气氛荡涤一空，人们个个喜笑颜开，热热闹闹的年就此拉开序幕。二踢脚在手中一声闷响，突然窜到半空，又一声清脆的爆炸，声音传播到四处，四处都有回音，似乎祖先在与村民互答致意。炸开的碎纸片纷纷扬扬地落下，偶尔有落地还完整的，小孩子就跑去争抢。最热闹的自然是长串的鞭炮，往树上一挂，下端的导火线咝咝喷出火星子，然后鞭炮就绽放开无数的火花，每一朵都一闪即逝，却发出雷鸣般的声音。空气中弥漫着硝烟好闻的气味，相传这是驱邪的，那它能将人心中的邪气也一并祛除吗？

杨略看着周围纯朴而开怀的笑脸，也情不自禁地笑了。

第八章

当你认为自己在沟通中受到伤害时，你一般的反应是拒绝与那些人再接触，这样好像是保护了自己，其实是把自己的路堵死了。其他的人对你的误解仍然存在，你也保持着对他们的厌恶，并且问题可能越来越大，以至于你们之间只剩下矛盾、谴责、贬斥和误解了。

今年的春天来得格外早，前几天夜里有霜，清晨有雾，春天被冻得瑟瑟发抖，一直犹豫不决，没想到现在却鼓足勇气一下子出来了。

接连几天天气温暖，胜利的太阳晒干了飘浮在空中的阴云，露出了脸庞，照耀着整个江南。它的欢乐随着光芒洒满每个角落，钻到植物中，叶子跳出枝头，奇迹般地舒展开；钻到鸟儿身上，鸟儿飞来飞去，拍着翅膀谈情说爱；钻入来往的人体里，让人闻到弥漫于空中的嫩芽与花朵的香气，浑身神清气爽。

初三(2)班开学已经半个多月，因为是毕业班，学校格外重视，取消了很多活动，连体育课也压缩到两个星期一节，并且增添了晚自修制度。平时除了上课就是自习，大家渐渐有些烦闷，身体有过多的精力无处宣泄。特别是看到窗外春和景明，就愈发觉得自己置身牢笼之中。杨略很久没有去玩篮球了，手不免有些发痒。余振、凌霄二人是孙猴演唐僧，让他们老老实实坐着，总觉得不自在，抓耳挠腮地学不进去。葛怡向来坐得住冷板凳，过些天要参加英语奥林匹克竞赛，现在她每天念念叨叨全是英语单词，词汇量已经扩大到高中范畴了，与同学说话也常常蹦出个英语单词，被人笑话成走火入魔。而据葛怡说她晚上梦话里也全是英语，这就更让人咋舌了。

同学们中弥漫着一股普遍的逆反心理，宛如地底流动的岩浆，时不时要突破土层，喷射几股热焰。班主任是深知同学们的想法的，不过他更清楚中考对于学生一生的重要性，所以运用铁腕压制这些热焰。他姓董，今年四十出头，多年毕业班的班主任，经验老到，平时总板着个脸，头发梳得一丝不苟，穿着藏青色的中山装，同学们背后都叫他老古董。

平时自修课有人喧闹，他轻则当面批评，重则叫来家长。这一举措，保证了同学们的学习时间。班主任一看效果不错，可是几次摸底考试，发现成绩进步得并不明显，于是有些着急，干脆把这一举措延伸到中午下午的休息时间，规定中午饭后为自修时间，教室里严禁喧哗，这个做法，一时让同学们噤若寒蝉，同时群情激愤。

“暂时的痛苦，是为了将来的海阔天空。”“人生能有几回搏？”他总用这样的话来激励同学们，但同学们并不大信服。

凌霄就曾经和班主任吵过一架，掀起了一场轩然大波。

那天中午吃过饭后，按照班主任指示，自修时间到了。可凌霄按捺不住，约了几个同学，拿了篮球出去。刚走到门口，迎面遇到了班主任。班主任阴沉着脸，问：“干什么去？”

几个同学面面相觑，急于先走。倒是凌霄比较镇静，说：“我们打球去。”

班主任用食指点着他的脑袋说：“你忘记了现在是学习时间？”

凌霄说：“我们现在每天坐着，也不玩耍，死气沉沉的，图什么呢？”

班主任说：“是为了让更多的同学考上重高！”

凌霄又问：“那考上重高之后呢？”

班主任说：“以后可以上清华北大，毕业有个好工作。”

凌霄还问：“有个好工作是为什么呢？”

班主任说：“为祖国多作贡献啊。”

凌霄还不肯善罢甘休，追问：“多作贡献之后呢？”

班主任心知他在故意找茬，脸上就有些不耐烦：“贡献多了，报酬就多了。有了钱，就可以做自己喜欢做的事情了。”

凌霄说：“可现在只要从教室出去，我就能做自己喜欢的事情，何必绕那么大弯呢？”

“这……”班主任眼睛都气绿了，骂了句：“朽木不可雕也。”在同学的一片哄笑中走了，凌霄也面有得色，俨然是一位战退封建守旧势力的勇士。杨略虽然知道这样做并不恰当，但心里还是十分高兴。毕竟，中午休息时间被剥夺，确实让他也十分恼火。如今凌霄巧妙借用了一则古老的对答，让班主任这个老古董绕入语言陷阱中，他也觉得很解气。不过，班主任失望的表情还是让他觉得内疚，毕竟班主任是全心全意为这个班呢。凌霄的行为，无疑伤了他的心。

凌霄在舌战之后，心里是痛快了，毕竟还有些胆寒，到了篮球场玩得也不尽兴。下午几节课一直惴惴不安，只要有谁在门口露面，他就猛然一惊，然后就听到自己突突的心跳，上课的内容也听了个迷迷糊糊。幸喜当天下午晚上并没有什么事情发生。凌霄好不容易挨到放学，才松了口气，如同逢赦的囚犯一般，也不等杨略他们同行，一溜烟走了。

余振看到他的身影，骂了一句："这家伙，屁大的事，就吓成了丧家之犬。"他倒是有资本说这句话的。想当年，这大头时常被老师拎到办公室，次数一多，也就死猪不怕开水烫，出入办公室时不慌不忙，大模大样，颇有几分大将风度。最近在杨略的影响下，对学习下了几分硬功夫，也就没工夫惹是生非了。为此，余振大大地佩服起古代的皇帝来，他们用一个科举制度，就让天下学子废寝忘食地读四书五经，天下也就太平无事了。

葛怡说："我觉得凌霄是躲得了初一躲不过十五啊。那老古董能放过他？"

杨略一听也觉得担心了。自己在初二时喜欢上漫画，自修课上忍不住画了几笔，被老古董发现，当场批评了几句不说，还把画了漫画的本子没收走了。他当时还以为风波已过，不料上课时，老古董居然拿来张违纪说明书让他填写，他一下子吓呆了。因为以往只有犯了打架斗殴之类大错的同学才会被勒令填写这种单子，画画之罪，何以至此？后来老古董虽然没有对他进行全校点名批评，但杨略至今耿耿于怀。

"这家伙，心毒得很呢。"杨略狠狠地说了一句。

葛怡说："那我们该怎么帮凌霄呢？总不能见死不救吧。"

杨略说："我也没办法，只能见机行事了。"

余振咧了大嘴，笑着说："要不等凌霄抓去坐牢房，我们哥几个再去劫狱。"

葛怡杨略想自己也许是杞人忧天了，也就笑了一回，各自散了。

杨略回到家里，爸爸在家，妈妈加班去了。最近爸爸的业务并不繁忙，因此在家的时间就多了。杨略也觉得与他亲切了许多，学校里的见闻也常常和他说说。此时爸爸坐在手提电脑面前，手指夹着根烟，仰头看着天花板。窗户紧闭，房间里弥漫着一股烟味。杨略的眉头就皱了一皱，走过去打开了窗户，一阵夜风拂面，让人精神为之一振。

爸爸也意识到了，尴尬地笑了一笑，把烟掐灭了。这时杨略才发现烟灰缸里横七竖八地躺着不少烟头，就责备说："爸爸，妈妈不是让你戒烟的吗？你的肺本来就不好。"

爸爸有些不好意思，连连说："是，是，是爸爸不好。这几天写文章没灵感，靠抽烟提提神，一不小心就抽了这么多。"

"那你总该打开窗户啊。"

"刚才外面有人施工，吵得很，扰乱了我的思路。"

杨略觉得爸爸的表情有些像小孩子，心里有些好笑，问道："爸爸，你现在写什么文章呢？以前看你写营销管理类文章可是一挥而就的，哪有现在这么费劲。"

爸爸神秘地说："现在的文章可不一样。"

杨略想起爸爸以前常说自己经历丰富，随便整合一下，就可以写成小说，于是来了兴趣，问道："爸爸，你不会是在写小说吧？"

爸爸笑了笑说："差不多，不过更有意义。"

"那给我看看吧。"杨略说着就把脑袋钻到电脑面前去看，可爸爸已经把文档关了。杨略想自己写文章的时候，如果有人在后面盯着，就怎么也写不下去，看来爸爸和自己是一样的，于是并不勉强。

爸爸也想转移话题，就问：“略略，这几天学校里有什么新鲜事啊？”

“你是不是想从我这里探听消息，丰富你的写作素材啊？”

爸爸说：“就算是吧，哈哈。”

杨略想，要是爸爸真在写小说，而且把我身边的事情也写进去，那应该是极好玩的事情。于是把凌霄的事情详详细细地告诉了爸爸，讲到自己的顾虑时，收不住嘴，把自己画漫画一事也说了。

爸爸没有责怪他，静静地听他讲完，才说：“教育方式有问题。学习和工作一样，劳逸结合，才能保持头脑清醒，提高学习效率呢。你们小学课本里不是有一篇关于李大钊教育孩子的文章吗，他就主张小孩子玩耍时应该尽情玩耍；学习时就心无旁骛，一门心思学习。像你们老师这样把中午时间也用于自修的做法，确实很不科学。当然，他会说他这样做全是为你们好，可是好心办坏事，难道就没有罪过了？”

爸爸又说：“不过，尽管你的董老师有许多不是，但你不能否认，他确实是尽心尽责的。有些老师却是敷衍了事，得过且过，误人子弟。所以如果你们能与他好好沟通，让他知道你们的想法，并制定科学有效的教学计划，那么双方都会受益。总之，这种沟通不仅对你们的学习意义重大，对他自己教学质量的提高也有很大帮助。我们常听说的‘教学互动’，就是这个意思。”

杨略突然觉得爸爸的说话很熟悉，似乎与张老师有些相像，心中就蓦地一动，问道：“那你觉得我们应该怎样做呢？”

爸爸说：“沟通是门大学问，是为人处世的一个技巧，不是三言两语就能说得清楚的。很多人自己很有才干，却不会与人沟通，别人无法理解自己的想法，自己也觉得怀才不遇，最终碌碌无为。这是很遗憾的事情。所以你从现在就应该学会如何与人沟通，不仅仅是为了班主任这件事情，更是为了你的以后打下基础。”

杨略点点头，深以为然，不过总觉有些笼统，不过他心有疑问，却不知如何问起。就静静地思考了会，爸爸又开始写作了。他回到了房间，躺在床上，忽然想：倪甫清应该能解答这个问题的，他此刻应该就在身边，用肉眼无法看见的手感触着自己的想法吧？

杨略闭上眼睛，感觉到一种宁静悄悄渗透进他的身体，与他的血流心跳形成美妙的和谐。这是他在窥探我的想法吗？

细细一算，今天又是月末了。

第二天早上杨略在学校里收到倪甫清的信，拆开信封，里面果然是关于沟通的问题。

杨略：

见字如面。

今天我们要谈谈沟通的问题。

·没有不能沟通的事·

人是社会的产物，沟通是人类不同于其他动物的一大特征。人与人之间的理解与支持重在沟通，不具备良好的沟通能力的人是无法成为成功者的。移动公司的广告词写得好："沟通，从心开始。"人的心灵是十分精妙的。人与人之间真正的沟通总是通过心灵的共鸣来实现的。

当你认为自己在沟通中受到伤害时，你一般的反应是拒绝与那些人再接触，这样好像是保护了自己，其实是把自己的路堵死了。其他的人对你的误解仍然存在，你也保持着对他们的厌恶，并且问题可能越来越大，以至于你们之间只剩下矛盾、谴责、贬斥和误解了。相反，如果你积极设法改善你们之间的关系，寻求你们之间的共同点，找到沟通的基础，由始至终尊重对方，尝试从对方的角度来看待事情，你就能得到人们的宽容和理解，即使得不到赞同，对方也不会施加阻碍。长此以往，你能体会到沟通的快乐，享受到理解带来的喜悦。

当然，沟通也需要一些技巧。这种技巧建立在心灵真诚的基础上，因此不能说是圆滑世故，而应说是生活的智慧。

我在生活中碰了很多壁，尝尽不知沟通的酸苦，也积累了许多经验，现在总结起来，沟通需要注意以下几点。

1. 和谐的环境，轻松安静的氛围。

不知道你注意到没有，很多国家领袖、商界老总，谈论大事的时候，往往会找个幽静的别墅，或是风景名胜，而不是在某处十分正式的办公室。环境优美，心情宁静；没有打扰，远离喧闹，这是沟通的好条件。试想，在人声嘈杂的地方，即使你的意见再中肯，对方能静下心来听吗？

2. 尊重别人，肯定别人的辛苦，而后提出意见。

一个成功的领导者，在指摘下属的缺点时，也会先肯定他的贡献。因为每个人都希望得到赞扬，得到别人的肯定。而我们在平时与别人的交流中，也应该顾及别人的面子。我在你们的课文中看到"卖油翁"的故事：当神射手陈尧咨在表演射箭绝活时，卖油翁却当着别人的面，不以为然地说："不过熟练罢了。"

这不是公开的挑战吗？锋芒毕露，针锋相对，怪不得神射手要不高兴了。

所以他的沟通方式是很失败的。即使后来他用一手绝活震慑了陈尧咨，但后者肯定心里还是不痛快。如果他是卖油翁的上司，而且心胸不大开阔，那么就可能出现处处排挤打击的事情了。

我有个同事从美国回来，他说："我的老板找我们谈话，一见面就会赞美我工作的表现，然后我就知道他下面肯定会批评我的不是了。不过在公开的场合，他总是表示肯定；所有的否定都是私下说的。"

而我相信，这种"先肯定，后否定"的沟通方式，肯定比公然批评效果要好得多。

3. "相信您一定知道"，用自己说服自己。

不可否认，每个人都有小小的虚荣心。

一个推销员向顾客推销产品的时候，往往第一句就是："相信您一定知道……"然后开始介绍自己产品的性能。一个公司的成员在公司大会上提出自己的构想，也往往以"正如大家所知……"开始。

实践证明，他们的推销和建议往往很容易让人接受。

他们的成功之处在于，他巧妙运用了别人的虚荣心，他将听众当成专家、行家，而自己只是把大家都知道的说出来。而谁不希望成为专家、行家呢？

4. 身体语言的重要。

"身体语言"除了是一种自然的感觉，在社交场合中也成了一种约定俗成的语言。这种身体语言包括了手势、坐姿、眼神等等。

有个学生刚刚大学毕业，他父亲的朋友介绍了一个工作给他，并让他去谈谈。这个学生兴奋得很，跑去谈了，可是回来之后，久久没有回音。请父亲去问，对方说：

"你儿子很不错，我也想好好用他，可是他好像不大喜欢这个工作。"

"他说他不喜欢了？"

"没有说，不过我们谈话的时候，他把两只手抱在胸前。"

以手抱胸表现的是敌意，是不安，是警惕。因此当你和一群人说话，你自然对那些以手抱胸的人没有好感。相反，把双手背在身后，表现的恰恰是自信。

所以，如果你是晚辈，在听长辈训话的时候，为了表示恭敬，最好把两只手垂在身侧或背在身后，坐着时放在腿上，绝对不能抱胸，更不能摸脖子后面。因为摸脖子和看手表一样，表示内心里的不耐烦。另外，谈话的时候，眼睛应当专注地凝视着对方，让他觉得你十分重视他的意见。

5. 幽默是沟通的润滑剂。

你一定听说过这个故事：大臣得罪了皇帝。皇帝大怒，下令将大臣扔到河里。按理说君叫臣死，臣不得不死。但大臣下水之后，居然浮上来，往岸上爬。

“谁让你上来的？”皇帝余怒未消。

“禀报皇上，君要臣死，臣不得不死，可是在水中我遇到了三闾大夫。他叫我快上来。”

“屈原？他说什么？”皇帝问。

“他看了臣就大骂，还说，他不幸遇到昏君，才不得不投江。而臣遇到了您这样的明君，怎么也下去了呢？所以他叫臣快滚。”

皇帝大笑，就赦免了他。

从这个故事中，我们可以知道，有的时候幽默是最好的沟通方式。想想，遇到一个棘手的问题，能够用幽默的几句话，使大家会心一笑，就得以沟通，这是多么高明的处世哲学。

幽默，常常不面对问题，而是采用迂回的方式，所以不会造成太尖锐的感觉，和风细雨之中，让别人接受你的意见，达到良好的沟通。

因此，幽默感被认为是一种杰出的能力。

6. 控制自己的情绪。

我们在生活与学习中不可能事事顺意。有着健康心理的人不大会因遭逢不幸而心情颓丧。还有许多人也懂得要做情绪的主人这个道理，但遇到具体问题就不由自主大发雷霆。当然，还有一种人习惯于抱怨生活：“没有人比我更倒霉了，生活对我太不公平了。”他们从抱怨声中得到了片刻的安慰和解脱。

其实喜怒哀乐是人之常情，想让自己生活中不出现一点烦心之事几乎是不可能的，关键是如何有效地调整控制自己的情绪，做生活的主人，做情绪的主人。自我控制是开始驾驭自己的关键一步。主动调整情绪，自觉注意自己的言行。在这种潜移默化中使自己拥有一个健康而成熟的情绪。

一个学生高考落榜后，看到一个个同学接到了录取通知书时深感失落，她就出门旅游。风景如画的大自然深深地吸引了她，辽阔的海洋荡去了她心中的郁闷，情绪平稳了，心胸开阔了，她又以良好的心态走进生活，面对现实，第二年以优异的成绩升入了高校。这种控制情绪的方式，我们可以称之为“情绪转移法”的一种。可以转移情绪的活动很多，如各种文体活动、与亲朋好友倾谈、阅读研究、琴棋书画等等。总之将情绪转移到这些事情上来，尽量避免不良情绪的强烈撞击，减少心理创伤，也有利于情绪的及时稳定。

转眼又将是中考和高考，无论是考前准备还是成绩揭晓，学生们的情绪又将进入一个极大的波动时期。在这个节骨眼上，更要学会控制情绪。无论沮丧、自卑、紧张，还是亢奋、得意、恃才傲物，都会对未来的发展有害无益。毕竟，即使无论你现在多么优秀，等进了重点中学、重点大学之后，那里高手如云，你的成绩也许并不能始终保持前列。而没有实现理想的学生，内心的沮丧也于事无补。我们要牢记，只有调整控制情绪，很好地驾驭自己，才能在以后的学习与生活中，不在情绪波动中浪费精力，而是矢志不移地走向成功。每个人心中都有匹野马，常常脱缰奔驰。当我们驯服了它以后，它会驮着我们向一个方向飞驰。

7. 再试一次就能成功，相信没有不能成功的沟通。

沟通也需要韧性，很多时候，由于各种各样的原因，沟通会暂时失败，不过你要相信，世界上没有不能成功的沟通。大到国家外交，小到同学关系，所有的沟通只要方法得当，都能获得成功。

以色列和埃及隔着一个西奈半岛。以色列怕埃及通过西奈半岛攻击自己，所以想夺取这块战略要地。而西奈本是埃及的领土，他们不愿意失去祖先留下的土地。于是两国之间阴云密布。

后来双方元首达成协议，将西奈半岛设立为非军事区。于是双方都得到了满足：以色列保证了国家安全，埃及保全了自己的领地，皆大欢喜，沟通获得了极大的成功，使无数生灵免遭战火的荼毒。

当然，很多时候沟通的双方还会存在误会，沟通不会一次成功，这时候就需要你坚信：自己的良苦用心，终究会让对方接受的。紧要关头，咬咬牙，再试一次，也许胜利女神就降临了。

总之，人与人之间需要交流沟通，需要心灵的碰撞产生璀璨的火花，需要爱情与友谊的滋润。所以，我们要敞开心灵的门窗，就会有美丽的小鸟飞进来，你给它落脚，它给你惊喜。

什么时候都不要紧锁心的门窗，把别人关在外面的同时，也把自己关在里面；你不给人笑，自己也看不到别人的笑脸。只有以开阔的心胸面对人世，才能在人群中行走自如、游刃有余。

下面，我们进入训练题部分。

·趣味测试&魔鬼训练之沟通篇·

[训练题一]日常生活中的沟通原则。

1. 委婉含蓄。在外交场合，以"遗憾"代替"不满"，以"无可奉告"作"拒绝回答"的婉词；在社交场合，以"去洗手间"代替"厕所在哪儿"。试举出一些类似的语句：

____

____

____

____

2. 善于倾听。给对方说话的机会，才能获得对方的好感。你是个善于倾听的人吗？你认为怎样才算作善于倾听？

____

____

____

____

3. 不卑不亢。要坦率诚恳，切忌过分客气。

你遇到过过分客气的情况吗？当时你的感觉如何？如果是你会怎么做？

4. 直抒己见。欧美人习惯率直地表达自己的意见，只要言语不唐突，直抒己见反而更易获得好感。

你遇到过直抒己见后的尴尬吗？当时的情况如何？怎样才能既直抒己见，又避免言语唐突？

5. 诙谐幽默。幽默风趣的话语不仅令人愉快，还能化解紧张情绪和尴尬气氛。

试举三例，分析他们的作用和技巧：

6. 控制声调。试着把自己的声音降低，更能吸引人们并博得信任和尊敬。

从身边最安全的人开始练习，观察结果（事先不要告诉用意）：

[训练题二]年轻人,该如何交朋友?

年轻人,择友和交友必须谨慎。那么应该结交什么样的朋友才能建立真正的友谊呢?

1. 志同道合的朋友。真诚、正直、有理想、有抱负的朋友才能有共同的语言,彼此促进,共同提高。你有这样的朋友吗?把他们一一列出来:

2. 取长补短的朋友。每个人身上都有闪光点和胜过自己的地方,值得自己学习;如朋友有过,一是要引以为戒,二是要真诚帮助。

我需要向朋友学习的是:

朋友需要我帮助的是:

不断进步的朋友。朋友之间应该多谈谈前途和未来,倾吐人生的欢乐和痛苦,这样交往能增进了解,增进友谊,有利双方进步。你有需要和朋友一起探讨的问题吗?列出并与朋友讨论:

[训练题三]学会控制情绪。

十六岁属于朦胧的年龄,很容易产生冲动。这里介绍几种适合中学生训练的控制情绪的方法。

1.学会宣泄。即通过情感的充分表露和从外界得到的反馈信息，调整引起消极情感的认知过程和改变不合理观念，从而求得心理上的平衡。

把不满或愤怒的情绪转向次要的人或物上去，借助于一种代替的满足来减少自己的心理不平衡：

____

____

____

____

找周围的同学、亲友等倾诉，并接受他们的劝慰：

____

____

____

____

2. 移情别恋。即有意识地通过转移话题或做点别的事情的方法来分散自己的注意力。如游泳、踩单车、爬山等。

____

____

____

____

3. 放松练习。即通过精神和身体的放松进行心理的调节。

这里介绍两种方法：

A. 紧张肌肉放松法。

基本分五步：集中注意力——肌肉紧张——保持紧张——解除紧张——肌肉松弛。如手臂部放松，先伸出右手，把注意力集中在右手臂上，握紧拳头，紧张整个手臂，越来越紧，达到极限后，坚持4至5秒钟，然后缓缓地放松，重复一次，再换左手。再如腿部放松，伸出右腿，注意力集中在右腿，紧张整个右腿，好像紧紧蹬住一个坚硬的东西，达到极限后，坚持4至5秒钟，然后缓缓地放松，重复一次，再换左腿。身体其他部位的放松程序与上述方法相同。

B. 深呼吸放松法。

基本步骤是：先深长且缓慢地吸一口气，然后屏住四五秒钟，再缓缓地吐气。通过深呼吸，调动呼吸系统肌群的运动，带动整个身体肌肉骨骼的松弛，同时吸入充足的氧气，达到净心定情的目的。

今天的信先写到这里，祝你学习进步。

你的大朋友　倪甫清

2月28日

杨略看完信，点点葛怡的肩膀。葛怡回过头，嫣然一笑，就接过去细看了。下课后就商量了对策，按照信中的指示，拟定了与老古董交流的步骤。

首先他们寻找宽松的环境。他们知道董老师下午时总要在水杉林中悠闲散步。这天是星期五，晚上没有自习课，于是杨略和葛怡一下课就去那里候着。水杉树干直直地冲天而去，枝头冒出点点新绿，从远处看，竟似淡绿的罗衫，娇嫩可爱。林中偶尔有几丛梅花，枝干拙朴若虬龙盘旋，托起几枝新梅，有白色的，有火红的，也有粉红的，那么明艳，让人疑心是从树枝中射出的阳光。空气中弥漫着的，是嫩叶和梅花的淡淡清香，沁人心脾。

他们正在陶醉，看见老古董独自背着手，缓缓踱来，眼光落在四处，嘴角浮现出浅浅的笑意。在这种春光中，谁都会心情舒爽的。杨略和葛怡对视一笑，心知这是个好机会，就叫了声“董老师”，迎上前去。

董老师抬头看到是自己的得意门生，心情自然舒畅，说：“放学了还没回家？”

葛怡回答说："学校里学习氛围好，所以想在这里多看会书。"

董老师眼里就漾起笑意，连连说："好，好，要是全班都能像你们这么用功就好了。"

葛怡脑海中浮现出信中第二条战术——"肯定后再否定"，就说："其实我们班在董老师的指导下，学习风气一直都是很好的。我们平时也经常念叨您的辛苦呢。您家住得离学校那么远，乘车也需要半个小时，而我们每次早读课你都提前到了，自修课时也惦记着班里的纪律。大家都说初三学生学习辛苦，其实真正辛苦的是班主任老师啊。"

她起初的想法是拍拍老古董的马屁，结果讲了这么多实际情况，心中也动了情，大眼睛里有些湿润，像一阵清风掠过平静的明湖，漾起几层涟漪，语气就十分真诚恳切。

董老师也深受感动，他知道自己在同学们心目中的口碑不好，能这样理解他的学生太少了，心中一股热流涌过，嘴角抖抖地说："只要看到你们有了好前程，我们这些做老师的辛苦点也值了。"

杨略说："昨天我爸爸还说起您呢，说您是尽心尽责的好老师，还让我们要好好感谢您。可您知道，我们都挺含蓄的，感激的话憋在心里，硬是说不出来。"

葛怡说："这倒是真的，我要不是在这里遇到您，刚才那席话肯定也说不出口。所以，同学们和我都是一个想法，只是没有说出来罢了。"

董老师心中高兴，就说："我也知道你们都是懂事的孩子，能够了解我的用心良苦。"

杨略说："董老师，您知道，我们这代人都挺早熟的，很多事情都心知肚明。"

这时，一只乌鸫鸣叫着从头顶飞过，董老师抬头去看，说："是啊，你们这代孩子什么都懂，哪像我们那时候，一个个木瓜一样，爸妈让干吗就干吗。平时男女生都不敢走到一起，哪里有你们这么落落大方的。时代不同了……”鸟儿飞走了，他的眼睛还盯在那里，似有无限留恋。

杨略和葛怡对视了一眼，脸上都是一红，他们一心为凌霄的事情着急，竟没有意识到他们刚才是单独走到一起了。对此，这老古董心里会怎么想？同学们又会怎样风传呢？这样一想，二人心里不免有些慌乱，但又有种甜丝丝的感觉杂糅其间。

幸喜董老师正看着蓝天，没有发觉他们表情的变化。

杨略说：“董老师说得挺对的，时代不同，我们的想法也不同。您肯定看过余杰的《火与冰》，里面就说每一代人都有自己的想法，做长辈的可以指导，但无需过分担心。您觉得呢？”他翻开手中的笔记。

董老师看完，点了点头说：“是啊，俗话说得好，儿孙自有儿孙福啊。”

杨略说：“董老师，您是不是觉得我们这代人都挺有个性的？”

董老师摸摸杨略的头，说：“是啊，说实在的，你们的很多想法我很难理解。有时想想，也许自己真的落伍了呢。”

葛怡在一旁接口说：“才不是呢。董老师，其实有的时候，我们的做法是出于逆反心理，不光你不能理解，我们自己也不理解呢。就像上次凌霄和您说话不大礼貌，您肯定不大高兴，其实他事后也挺后悔的。他私下里和我们说，他当时只是一时口快罢了，并不想惹您生气的。”

董老师说：“我没有怪他，反而很感谢他。是他提醒了我，也许我的教学方法确实有些问题呢。今天我到这里来，也是在想问题到底出在哪里。刚好你们来了，那我征询一下你们的意见。”

杨略二人心里高兴，事情进行得比意料中顺利得多，而且，董老师也并非想象中那么顽固不化。

杨略笑着说：“那凌霄不是成了魏征了？哈哈。”

董老师也笑了，说：“他是魏征，那我得好好努力，争取做个李世民啊。水可载舟，亦可覆舟，看来民意不得不察啊。”

三人笑得十分欢畅。这是非常适合沟通的时候。

葛怡知道机会难得，就说："董老师，那我谈谈我的看法吧。其实现在我们每个人都知道中考的重要性，我们也都想竭尽全力争取考出好的成绩，不光是让父母满意，更是让自己有个更好的前途。所以我们承受着父母、老师、自己的三重压力，有时候甚至感到喘不过气来……"说着低下头去，眼睛里分明闪烁着泪花。

杨略看到她楚楚可怜的样子，心里也一阵黯然。他知道葛怡父母对她的期望很大，她自己也乖巧勤奋得很，成绩在学校名列前茅，在同学心目中属于春风得意、前途光明的人，不想她也有这么多苦楚。

葛怡接着说："初一初二时，我觉得到学校里来是件特别开心的事情。因为学校里有这么多同学、老师，大家上课认真听讲，下课热热闹闹的，多有意思啊。不过到现在教室总是寂静无声，中午也不敢聊天，我就觉得害怕。有时坐得累了，可周围那么安静，我也不敢站起来，生怕被同学们超过去。现在同学们都成了竞争对手，而不再是朝夕相处的伙伴。我感到很累。"

她的话，杨略也深有同感，在一旁不住点头。

董老师沉默不语，眉头紧锁，脸色深沉，从刚才的春阳灿烂，一下子滑到了秋雨萧瑟。杨略二人心里有些害怕，不知是不是自己说错了什么。

三人都没有说话，默默地走路，不知不觉间走尽了水杉林，到了学校后门，门外就是学校的后山。董老师这才回过神来，对二人说："我谢谢你们说了这么多实话，我会好好考虑的，你们先回去吧。"

看着董老师颓然的神情，杨略有些担心，就问："那董老师您呢？"

"我一个人多待会儿。你们回去吧。"

二人说了再见，就按原路往回走。此时天色渐渐昏暗下来，后山上浮起淡淡的雾气，并且蔓延到水杉林里来。杨略回头去看，发现董老师独自坐在一条石椅上，身影在雾气中缥缈虚幻。杨略猜不透他到底在想什么。

事情很快就有了结果，星期一早自习时，董老师走进教室，脸上带着一丝微笑，与往日很是不同，显得精神抖擞。他示意让同学们静下来，宣布了一项新举措。

“同学们，上星期五我和杨略、葛怡同学进行了交流，他们对我的教学方法提了宝贵的意见，我回去想了很多，觉得自己的有些做法确实不是很恰当，比如中午时间用作自修，占用了同学们休息时间，无形中给同学造成了很大的压力。现在我宣布，中午时间还给你们。并且每周一、三、五下午最后一节课用作体育运动，希望大家有个好身体，然后精神焕发、头脑清醒地投入学习中去。”

教室里顿时掌声雷动，几个顽皮的同学更是高呼“董老师万岁”。

董老师举起双手，往下压了一压，接着说：“米卢执教中国队时，推崇快乐足球训练法。我们也提倡快乐学习法。我知道大家都很懂事，知道中考是人生的第一道关口，你们也都有决心走好这一步。而我要做的，就是舒缓你们的压力，让你们快乐地学习，轻松地参加考试。”

葛怡回过头来，与杨略对视一笑，并用手指做了个“ V ”字，二人如沐春风。

第九章

爱情是人间最美好的感情，她应该在适当的时候降临，但不是现在。请相信，你们曾有过的快乐或烦恼、温馨或牵挂，以后都会成为最珍贵的回忆。

自从那天水杉林中被董老师一句无意的话点破后，杨略虽觉害羞，心中却甜甜的极为受用。当天回家，脑海中浮现的竟全是葛怡的一笑一颦，又或者是这样的场景：她坐在草坪上看书，安安静静，看得入迷……杨略闭上眼睛，就看见那张姣美的脸庞，先是那道眉毛，接近眉心处竟呈辐射状，如曙光初透，真是神采奕奕；然后是黑亮的眼睛灵灵活活一转，就把漾起的一汪秋水，注入他的心田；然后呢，是秀气的鼻子；再然后呢，是一朵玫瑰般的嘴唇；再然后呢，啊啊……一种奇异的快乐渗透了他的灵魂，让他感觉到一种只有春天早晨才有的甜蜜和惬意。

这种感觉，让他仿佛置身一片林中圣地，他躺在春天的草丛中，呼吸着露珠和青草的香气、甲虫和泥土的香气，眼睛紧闭着，好像是在思考什么，又好像什么也没想，只感觉自己的身体融化了，融化了，化作一股青烟，在草尖上盈盈地眠着，不再有一丝一毫的重量。听，周围的树林里正吹过微风，细细碎碎的仿佛波浪，在柔嫩的心头款款地淌过。此时高高的太阳一定栖息在树林的顶端，一缕阳光经过树枝的筛选，轻轻柔柔地敷在他的脸上，他的脸也温暖而有太阳的光泽了，他又感觉到自己的存在了。他在等待什么？等着一道圣洁的白光吗？那道白光里，是不是站着一位穿着洁白轻纱的女孩，脸庞那么白净，那么圣洁……

杨略就猛一睁眼，却只有空空的房间，挂在墙上的钟滴答滴答走得那么从容，自己的心里却满满的，似乎要膨胀开来，绽放开来，像林中的那丛兰花，要散发出淡淡的幽香；像五彩的蝴蝶要张开翅膀，在未知的空间款款而飞。

我这是怎么了？杨略问自己。没有答案，也不需要答案。当幸福的神灵对你展开笑脸，你将成为一个快乐的傻子，善良的疯子。笑声从心底畅快地奔涌出来,他笑得浑身酥软。

杨略爱极了学校,早上一睁开眼睛,看到窗外微微的曙光,突然一种神奇的快乐浮上心头:我又能看见她了。于是世界顿时变得那么可爱,一切变得那么有意义。衣服的颜色那么鲜艳,质地那么柔滑舒适;牙刷轻轻滑过牙齿的感觉,多像演奏着的钢琴曲;还有早饭多么可口,滋养着快乐的生命……

在街道上,他骑车呼啸而过,一路播撒着微笑,这个城市也能明白他的心情吗?能被他的微笑感染吗?要是能的话,这是多么可爱的传染病啊。

上课时,他认真听着老师的讲课,偶尔也会溜号,目光落在那截细白柔和的脖子上,在黑亮整齐的辫子下面,是不染纤尘的蓝田美玉,还是希腊用来雕刻维纳斯的大理石呢?心里突然产生轻轻触摸的念头,却看到这截脖子的主人正用心地听讲,时不时点一点头,表明已经心领神会。杨略心里就自责,抚平内心的波动,将目光投向黑板。听不多时,忽然又想:我的目光和她的目光,这两条射线,一定在黑板上悄悄会合了。如果目光真的像古希腊学者说的那样,是些无形的小手,那么我的手能轻轻握住她的吗?能不能像拔河那样,将她的目光拉向自己?

脸上就微微露出笑容。

老师看到他的笑容,以为他听到妙处,就欣然提问:“杨略,你说说看,‘玉阶空伫立,宿鸟归飞急’中的‘空’字好在哪里?”

杨略没有听清题目,顿时手足无措,站起来支支吾吾回答不出来。正尴尬时,低头正看到葛怡惊异的脸,脑海中就更为混乱,脸上一片绯红。

幸好老师没有多问,另外一个同学回答了这个问题,杨略坐下来,不敢再看黑板,也不敢看葛怡,低着头,目光定在课本上,等着脸上的热度渐渐退去。

他总担心老师或者葛怡下课会到他面前来，问他怎么了。于是下课铃一响就立刻闪开，在走廊的人群中逗留许久，有一搭没一搭地聊天，眼光却时时瞄着教室。等老师出去了，才一步一步蹭回座位。幸喜葛怡也没有过问。说是幸喜，内心却有一种类似失望的阴云轻轻蔓延，竟比上课时的尴尬还让他难受。

要是葛怡上课回答不出问题，自己会怎么做呢？肯定会问问她是否身体不适，甚至萌发出给她补习的念头。而她呢……

一会又想：也许真到了那个时候，很多话自己也未必能说出口，何况人家是个女孩子呢？心中便释然了，起身挨个收作业。他是小组长，这是他分内工作呢。

有几个懒惰分子就哭诉题目太多太难，难以如期完成，并哀求组长大人高抬贵手，给予缓期执行。杨略心情极好，就问："哪些题目不会？本组长来教你。"音量很高，像是压抑之后，突然解了束缚，一跳却跳得太高，连自己也吓了一跳。

那几个人就可怜巴巴地说："还是给我一本做参考吧。"

所谓"参考"，自然就是西装革履、正襟危坐的"抄写"二字。正如夸某女孩子"气质好"时，隐含意思可能就是"相貌一般"。由此可见中国文字的博大精深，岂是那帮憨憨的老外所能领悟？

杨略就说："不行，人家都有知识产权的，我可不敢以身试法。"

几个人就无奈了，嘴咬着手中的笔，似乎那支笔五味俱全，品咂之间，回味无穷。而笔下的字却像久病的老人靠着墙壁走路，三步一歇，五步一坐。杨略一看这场人与题的战争旷日持久，等待不住，就回到座位，却把葛怡的作业本夹在最里面，而自己的则放在第二，恰好紧紧拥住。这样做时，手是轻轻柔柔的，心也是轻轻柔柔的，一道道波痕就微微漾起在心湖中，眼睛看着葛怡的背影，清清爽爽，一片空明。

以前他们时常讨论题目，各抒己见，意见不合时甚至近乎争吵。

他会说：“错了错了，应该这样这样。你那样不对。”

他会说：“你先闭嘴，让我再从头说一遍。”

他甚至会说：“烦死了，怎么说你都不明白，真笨，自己琢磨去吧。”

而现在杨略却觉事事都有些不同，事事都有无限的情趣了。

当葛怡转身过来，专心给他解一题代数，一边用笔写着解法，一边仔细地解说，不时抬头看杨略的眼睛，说：“对不对？对不对？”随着头的一低一抬，几绺头发就低垂到眼角。她伸出一根白嫩的手指，将头发轻轻编在耳后。杨略看到手指上浅浅的小窝，心里就觉得暖暖的，不免有些走神。冷不防葛怡用这根手指点了点他的额头：“对不对啊？”杨略一惊，说：“啊，对，对对对。”

“什么就对啊，”葛怡嘟了嘴，做出生气的样子，“我看你今天不大正常，心不在焉的，我不和你说了。”

“对不起，对不起，昨晚看球赛看得太晚了，今天有点困。”说完，杨略心里一想，坏了，看比赛是前天晚上呢。幸好葛怡不喜欢看球，应该不知道比赛的进程。

果然葛怡说：“球赛有什么好看的？一堆穷鬼花大价钱买票去看一帮百万富翁满场乱跑，有什么意思啊？”

她总是有自己的见地，并且说得还挺有道理。

杨略就笑了：“你说得也对，可为什么还有那么多人喜欢花这个冤枉钱呢？”

葛怡说：“这就和斗蟋蟀差不多，大家看个热闹罢了。可惜那帮球星还自鸣得意呢，不知道自己其实是大家养起来的蟋蟀而已。”

杨略说：“可这些明星个个腰缠万贯，享尽荣华富贵了呢。随便到什么地方，都有人前簇后拥，还有人疯了似的要他签名，多有面子啊。我们谁不想做这样的明星呢？”

葛怡说：“一个愚蠢的人，总会找到更愚蠢的人来为他捧场。”

这句话铿锵有力，掷地有声，杨略不知道语出自屠格涅夫的《前夜》，以为是葛怡自己的见解，心中就十分佩服，说：“大哲学家，我说不过你，你还是给我讲讲这道题目吧。”

葛怡一笑，刚才她说得激动，倒把正事忘记了。她也不嫌麻烦，把解法从头到脚又讲了一遍。杨略这次听得认真，不多时便心领神会，却不提醒葛怡，看她仔细讲完。葛怡换了个坐姿，脚尖碰到了杨略的腿，忙说：“对不起。”杨略却因为这种小小的接触而倍感甜蜜，就将脚放到容易被碰到的地方。果然，两个人的脚又轻轻触在一起。这次，葛怡却没有把脚收回。也许她是讲题认真，忘记了脚上的触觉吧，也许是她也愿意这样的吧……

似乎有电流从接触的地方传来，杨略心中一荡，脸上旋即就涨红了。

这样的一幕幕每天都重复着，每天又都有新的光彩。就像河流每天都是一个样子，但每天都是不一样的。日子就这样平缓地流淌过去，偶尔有风，偶尔遇石，都会掀起几层浪纹。转眼一个月又过去了，杨略几乎感觉不到中考的临近。生活对他展示出柔情似水的一面，但冰也是水的一种存在方式呢，他的头就常常碰到硬物，生疼。他的心也出奇地善感，随着葛怡的一举一动、一言一语，他的情绪都会出现起伏。焦灼、快乐、忧虑、温暖，都不可思议地交织在一起，像无数气流在他的脸上活动，忽而晴朗，忽而多云，忽而又阴雨缠绵。

我这是怎么了呢？他时常问着自己。没有答案，又不敢将心事说于别人听，故而显得有些淡淡的忧郁。

这一天是 3 月 30 日。下午休息时间，他独自出去逛了书店，偶然取下一本书——歌德的《少年维特之烦恼》，随意一翻，发现一段文字，心蓦地颤了一下：

啊,我的手指无意之间触着了她的指头的时候,我们的脚互相在桌下遇着的时候,我全身的血液要沸腾起来了哟!我缩转来,如同避火一样,一种潜力又把我引转去——我的感官简直一切都昏蒙了呀!——哦,这种细微的亲密使我如何地痛苦啊,而她的无猜,她的不羁的神情全不觉得咧!当她畅谈时把她的手放在我的上面,谈到高兴处更倚近我的身旁,她口中的天香可以达到我嘴唇上的时候——我会倒地,如像着了电的一样。

这分明是他内心的写照啊。他的手有些颤抖,似乎要握不住书了。莫非我真的爱着葛怡了?这种牵挂与甜蜜,真的就是爱情?心头一阵发瓷,呼吸急促。周围一片宁静,人流无声地运动。自己站在了时间的外面。

我该如何是好呢……这样到底对不对……她……会有和我一样的感觉吗?

他的眼睛也有些飘忽,眼前的那些文字仿佛并非写在书上,而是像小树苗一样,一直蛰伏在他的心里,而今忽然被唤醒,立即舒展枝条,挺挺地向上生长,撑开圆圆的叶子来,吐出娇娇的花儿来。

那么,它会结出甜甜的果实来吗?

他将书买回了,薄薄的一册,捏在手中来到我们都非常熟悉的水杉林中坐下细看。这个时节,水杉的叶子也像十六七岁的孩子,身材接近成人,也能静静思考些大问题了,却还是那样嫩嫩地淡绿着。水杉之间,艳艳地开了许多桃花,都是粉色的,像是刚从杨略心中采撷了来,每一朵都有无限的故事,都尽情地绽放着。

杨略全然被这本书吸引了,为维特的欢乐而雀跃,为维特的伤怀而悲戚。看到后来,维特便是他,他便是维特了。维特的所见就是他的所见,维特的所感就是他的所感。那么绿蒂呢?她会是葛怡吗?葛怡会像绿蒂那样以善良的方式拒绝他吗?眼中就不免流下泪来。

不知不觉,天色渐渐变暗,而晚读课的铃声也响起来了。他急忙站起来往回赶，却忘记擦去泪痕，在教室门口与余振撞了个满怀。余振打了个趔趄稳住，正要开骂，看到杨略有些异样，就问："杨驴，你小子这是怎么了？"

他说话向来大声，这么一嚷，立刻吸引来众多眼球。

杨略这才意识到，就解释说："没事啊，沙子吹进眼睛里而已。"

余振说："这种解释臭遍了街了，只有弱智的琼瑶电视剧里才会照用不误呢。"

杨略掩饰不了，心中又着急，就有些恼羞成怒了，说："你管这么多干吗？"转身就回到自己座位。余振讨了个没趣，先是呆了一呆，继而摇摇大头，慢慢踱回去了，迈的照例是他的将军步。

同学们见热闹收了场，就各自拿出英语或语文书，咿咿呀呀地念，有念"月光如流水一般，静静地泻在叶子和花上……"，也有念"真的猛士，敢于直面惨淡的人生……"。柔情与刚猛并济，教室里响起了多声部的合鸣曲。在这些声响之中，杨略突然觉得很安全，如同躲进茂密的森林一般，心里就安稳下来。他将《少年维特之烦恼》垫在语文书的下面，口中念念叨叨是"环滁皆山也，其西南诸峰，林壑尤美"，实际却真的"醉翁之意不在酒"。那意又在何处呢？

杨略晚上回家已经是八点多，略微吃点夜宵，就躲进房间，掏出书继续看，几乎忘记了今夕是何年。幸好书很精短，仅有一百来页，下午又看了近一半，不至于让他通宵达旦。饶是如此，还是让他一直看到深夜。原因是一些章节太让他心绪难平，情不自禁地要重读一遍，闭上眼睛回味一遍，参照自己与葛怡的往事，不免感同身受。看到伤心处，眼泪就决堤一般流淌下来。偶尔看到欣喜处，却因为明知即将到来的感伤，让他更为伤怀。含泪的笑，才是真的悲伤。

自此以后，他时常自怨自艾，将自己当做纯情而悲哀的维特。而天真不谙世事的葛怡，哪里知道他的少年情怀？言语之间一如既往地无拘无束，无遮无拦，有时不免触动杨略敏感而薄脆的神经。

比如二人讨论题目，杨略一时难以明白，葛怡着了急，眉头一皱，就说："你怎么这么笨的？"杨略半晌无语，心想：原来她看不起我呢。心里一阵冰凉，浮荡起维特式的哀哀怨怨，脸上也顿时白惨惨的。葛怡回神过来，百般解释，他口中答道没事，想法却不改变，仿佛愿意这样似的。

有时二人也聊电影电视剧，葛怡说起某男明星时，会十分神往地说："好帅好帅啊，一举手一抬足，都是那么优雅迷人。"双手十指相合，抱成一拳，置于嘴边，目光就飘向天花板。

杨略心里隐隐泛上一些酸意，说："你前几天还说明星都是人们的玩物呢，今天怎么又夸上了？"

葛怡辩解道："明星和明星还是不一样的，有的靠脸蛋和炒作，有的则靠实力。靠实力的才是艺术家呢。这种人现实中怎么遇得到啊？"

这种少女情怀，纯纯真真，像一个美好的幻梦，不带半点功利，让少女充满了朦胧的美感。等年纪稍长，这层朦胧将逐渐散去，少女成为了现实的女人，辗转于生计，不单无梦，甚至还会嗤笑有梦之人。那才是真的悲哀呢。因为心灵原本就要轻灵善飞，要向往一个高远的境界的。可现实的羁绊，总让心灵逐渐沉重，哪里还能腾飞？

但杨略还无法理解这种情怀的可贵，看她神往痴迷的表情，不免对那位明星心生嫉妒，暗暗发誓以后绝不看他的电影。也许很多年以后，杨略回想起这时的行为，会觉得幼稚，会一笑了之。但正因这种幼稚，才使他显得真诚执著，忘情投入。感情之深，原本就要渗透到每个细节之中的。

当然，也有让杨略开心的时候，一句夸奖，一个眼神，都会让他欢喜不已，回味无穷。

他就是在大喜大悲之间沉浮，每天都有无尽的故事，都有沧海忽变桑田，桑田又忽变沧海的起伏。时间一久，同学们就看出端倪，平时看他们俩的眼神也有些不同，总是在嘴角、眼角闪烁着一点神秘、戏谑的微笑。

或许老师也知道了些什么。

杨略忽然觉得有些害怕。这时候的感情，仿佛未出土的冬笋，柔柔嫩嫩，还禁不起外面的或暖和寒的空气呢。他希望遮遮掩掩。

这天回家，书桌上有倪甫清的信。这自然是爸妈替他取来的。

展开一看，脸上顿时赤红。原来倪甫清居然知晓了他暗恋之事。

杨略：

见字如面。

我经常听你唱一首歌，叫《同桌的你》。歌中写道：

明天你是否会想起昨天你写的日记
明天你是否还惦记曾经最爱哭的你
老师们都已想不起猜不出问题的你
我也是偶然翻相片才想起同桌的你

记起来，这应该是十几年前的校园歌曲了，当时老狼用略带忧伤的歌喉，回忆着校园里一段朦胧而优美的情思，营造出一种细腻而怀旧的艺术氛围，勾起了许多人对校园的回忆。我也是其中一个。

而你也恰恰很喜欢这首歌，看来对于这一点，我们没有代沟。

从这首歌出发，我想来和你谈谈爱情。

·青春期爱情·

很奇怪吗？我可不是那种只会板着脸说教的老学究，我也知道如何看待爱情。在我少年时，也曾经梦想着爱情的降临。

歌德曾说："哪个少男不善钟情，哪个少女不善怀春。"青少年已开始在心中萌发出不可名状的爱恋，一种神秘而又圣洁的纯情在他们心中悄然滋生。

不过这种纯情却常常被社会所否定，甚至视之为洪水猛兽，避之唯恐不及。正如李银河在一本书中写到的："某些常出现在报章杂志上的用语很不科学，例如'早恋'。这一用语不仅含有贬义价值评价，而且含义不明。顾名思义，早恋就是过早地恋爱。但是何谓'早'？目前一般是指中学时期，有时甚至包括大学。西方社会学家将十二三岁到十九岁的青少年的恋爱行为称为青春期恋爱。相比之下，这一用语既道出了明确的时间定义，又未加道德评价。"

> **知识点链接：**
>
> 李银河，中国第一位研究性的女社会学家，也是当今中国最著名的社会性学家之一，并于1999年被《亚洲周刊》评为中国五十位最具影响的人物之一。主要著（译）作有：《同性恋亚文化》《生育与中国村落文化》《中国人的性爱与婚姻》《中国女性的性与爱》等。李银河的丈夫便是王小波。

所以，在这里，我也将这种恋爱行为称为青春期恋爱。

下面我想分析一下这种青春期恋爱的根源：

（1）此时的青少年感情处于不成熟期，他们往往分不清性吸引、好感、友谊与真正爱情的差别，脑子里存在太多的关于异性和爱情的浪漫幻想，这些幻想大多来自影视媒介或对成人世界的观察。他们往往把对异性的初步好感、爱慕、感激、同情、赞许、崇拜等统统当做爱情。例如男教师为女学生补课，少女们常把内心的感激误作爱情，不顾一切条件，暗暗痴情起来。师生之恋在中学生中较为常见，而且往往是学生一方"单相思"。

（2）从众心理或竞争行为。有些中学生谈朋友可以说是从众心理引起的仿效行为。有的同学看见自己的好朋友交上了异性朋友，要是自己不找一个，就感觉自己特没本事，缺乏魅力。强烈的竞争心理和自我表现欲望使他们不甘落后，就有可能寻找一个异性作为求爱对象。在某寄宿学校就发生过这样一件事：同寝室的7位女生都有身边的"白马王子"，剩下一位女生出于虚荣心，为了向同伴表示她并不差劲，于是改变本人的笔迹,每星期到市内去向自己发一封自己炮制的情书,以此向女伴证明她也有了男朋友,来满足虚荣心。

(3)易受大众媒介的刺激和影响。由于青春期思想不够成熟,情绪不够稳定,而影视画面中男欢女爱的场面、浪漫的爱情故事向他们不断传递着爱的诱惑,使他们易于仿效,力图扮演媒介中观察到的某一角色,从而开始了对爱情的探索和"实习"。

(4)"试一试"心理的驱使。青少年喜欢新奇,易于冒险。当少男少女对异性产生一种朦胧的爱以后,就总想了解两性之爱究竟是怎么回事,是什么感觉。当遭到老师和家长的批评后,他们更想尝试转入地下交往的滋味和刺激性。"摘不到的果子是最甜的",此时,他们就有这样的心理。

所以对于青春期爱情,我不对它进行批判,反之,我将之视为一种纯情,就像一条清澄滢澈的溪流,没有世俗的功利性,不染纤尘,纯纯的让人感动。这是人们理想中的爱情。可是小溪毕竟清浅,随着时间的流逝,它能汇成大江,奔流不息,达到永恒吗?如果前面有大山巨石,或者是沙漠戈壁,那这流小溪能淌过去吗?

这些都是我们要考虑的。因为爱情没有这么简单。花季少男少女们青春期对爱情产生的好奇产生萌动。他们认为爱情是美妙的,所以他们对异性的言行举止产生好感以后,就认为是爱上对方了。但是有好感就等于是爱了吗?爱情要和彼此的性格、爱好、事业联系在一起。只有男女双方性格契合,事业相佐,情趣相投,才能酿成美满持久的爱情。

而青春期的少男少女,无论是学识还是个性都没有定型,正处于多变期。

一个女孩子告诉我:"一个人在每一个阶段都会喜欢不同的人,小时候会喜欢帅帅的,再大一点会喜欢活泼运动型的,再后来工作以后,就会选择成熟型的了。"

你说,这时的爱情能恒定吗?

所以在青春期，你们还是要以学业为重。当然，如果你对某位女生产生了朦胧的好感，那也很正常。不要为此而忧虑。因为这种好感只要处理得当，可以给你一个好心情，促进你的学习。

当然，也许你不能很好地控制自己的感情。那么，你可以尝试着以下几个方法：

(1)转移对恋情的注意力。中学生活泼好动，精力充沛，如果没有丰富多彩的课余生活，他们旺盛的精力难以发泄，无聊之余，难免想入非非，让各种低级庸俗的东西乘虚而入。因此，你要参加班上的文体活动、科技活动，发展广泛的兴趣爱好，把剩余的精力和时间放在追求高尚的精神生活，丰富文化知识，发展智力，强壮体魄上来。这样能够转移你对恋情的注意力，克服精神上的空虚，减少青春期的生理变化带来的较大波动和冲动。

(2)与德高望重的成年人结成"忘年交"，多认识一些品学兼优的同龄伙伴，既可以减少两人单独相处的机会，分散对"恋人"的注意力，又可扩大交际圈子，让自己在交往中，不知不觉地拓宽眼界和胸襟，激发上进心，同时感到局限于个人小圈子、卿卿我我真是相形见绌。

总之，我想对这些正值花季年华的少年们说一句话：爱情是人间最美好的感情，她应该在适当的时候降临，但不是现在。请相信，你们曾有过的快乐或烦恼、温馨或牵挂，以后都会成为最珍贵的回忆。

今天没有布置习题，因为你要做的只能是实践。

祝你学习进步。

你的大朋友　倪甫清

3月30日

看完信，杨略冷静下来了。确实，自己还太年轻，正如一棵树苗，还需要将根扎得深深，让枝干更加挺拔，不到开花结实的时候。即使结了，也仅仅是寥寥几颗,而且是生涩难吃的。小时候看爷爷栽树,看到小树长出小花小果,就会将它们摘掉,当时还觉可惜,甚至大哭了一场。爷爷说:这样小树就能蹿得老高,等到枝繁叶茂之后,才能有满树的果子。果然现在爷爷家门前的几棵桃树、柿子树,长得十分高大,一到季节,果实就结得张灯结彩一般,热闹非凡。

从此,杨略将这份爱意深深埋藏在心底,他想:爱情应当像酒一样,藏得越久,就越是醇香浓郁呢。况且,这份爱情只有经过时间的考验、际遇的磨洗,才算真的爱情。因为那个时候,自己长大了,心理成熟了,有能力为爱情之花提供土壤,让它灿烂地绽放。选择在这个时候相互表白衷曲,而后细细地品尝着爱情,才是人生最甜美的事情。

想通了以后,杨略一扫内心的哀怨,脸上又浮露出自信的微笑。平时与葛怡相处,因为没有了患得患失的惶惶然,就恢复了以往的从容和谐,心境也平稳下来,不再有大风大浪的波动,能够一心学习了。

况且,因为心底的温情脉脉,让平时的学习充满乐趣,与葛怡的互帮互助,更是让他兴奋不已,于是成绩也在这种良性循环中稳步向前了。这种感情,虽然很多人看在眼里,但都舍不得打扰,舍不得反对,因为它太纯洁、太美好了。

日子重又天朗气清,有白云悠悠浮过,让人心净如洗,而天气是越来越暖和了。

初夏即将来临。

而考试将接踵而来,用班主任的话说,是他们跳龙门的时候到了。

第十章

"不到黄河心不死，到了黄河绕九个弯",这就是卓越者的品格。

临近五月，校园里已经是一派初夏风景。桃李芳菲已尽，池中荷花未开，树只是默默地绿着，没有了姹紫嫣红的点缀，就显得有些呆板，像是一支没有将军的部队，又像是未题书画的扇面。

而此时的初三(2)班却无暇理会这些，大战在即，个个临阵磨枪，每日三点一线，脸上都是紧绷绷的，空气中也有了风雨欲来时的压抑，再不见往日的活泼，很像那些呆板的绿树。

幸好，他们班还有杨略这个异类，他越临近考试，却越显得轻松，除去做习题和与葛怡讨论之外，居然还能看看小说，一副神定气闲的悠然。但每次的考试却节节攀升，特别是语文更是百尺竿头，更进一步。

于是有许多同学前来取经，杨略也不吝啬，将前面八封信的复印稿给他们看，自然隐下了第九封，那是真正的私人信件呢。并说："这些信里涉及的各种修养和方法，可能短期内不能奏效。不过文字相当漂亮的，看了有助于提高作文成绩的。"

这样，这些信便流传开去，并且出现了更多的复印稿。杨略看了心中高兴，又突然悔恨：自己应当早些这样做的，能让更多的人受益，那样多好？

当然，他们还有另外一个点缀。而且这个点缀更为意外，也更为灿烂夺目，足以让同学们纪念良久，回味一生。

这个点缀就是他们心目中的老古董的突然决定：周末全班去天目山春游，当天往返。这个消息不胫而走，全校皆为之哗然。众所周知，春游班主任担着风险，因此往往只在市区内溜达一番完事，远赴天目，确实需要一些魄力，更何况他带领的乃是初三学生。

在以往，一些年轻好动、少不更事的老师或者会这么做，学校往往严令禁止。但董老师分明是一个有经验的老教师呢。学校领导也相信他的能力和责任心,想想让初三学生紧绷的神经放松一下也是好事,思虑再三也就答应了。

消息传来,初三(2)班顿时像炸开的热锅,同学们都是兴奋得难以自已。一个春天都在教室里度过,眼看着窗外红了樱桃、绿了芭蕉,教室里却只是一成不变的摆设,同学们都觉得遗憾,而杨略更是有"良辰美景奈何天"的感慨。如今去追赶一趟春天的末班车,虽然显得迟了些,但也是极大的美事。况且,这次去的乃是天目山。山中气温偏凉,空气湿润,或许春天能在那里多逗留几天,盈盈地等待他们去呢。白居易不是写过"人间四月芳菲尽,山寺桃花始盛开"的诗句吗?

如此一想,心中就更是乐不可支。

等董老师进教室准备宣布决定时,同学们已经欢庆了许久。董老师惊愕地说:"原来大家都知道了。"

"地球人都知道。"同学们不约而同,略一迟疑,又放声大笑。此时空气中满是快乐的精灵,无形地蹿来蹿去,钻进每个人的心里,都是那么淘气,搅得人心里都痒痒的。董老师也被这种情绪感染,脸上的皱纹勾勒出一个笑脸,让人觉得脸原本就应该这样的,再不会消失了。

周六那天,他们是七点便出发,到达天目山才中午十点。汽车将他们送到半山腰,一下车就仿佛沉浸在静穆的海洋之中,连脚步声都那样清晰地撞击耳鼓。空气是清新湿润,因为是阴天,或许昨夜还下了雨,因此空气有点淡绿色,还带着芳草的清香。只要闭上眼睛,深深呼吸,就能感觉自己的肺叶被清洗得无比干净呢。

山中元无雨,空翠湿人衣。这才是真正的大自然。

这种绿色又有深浅之分,浅的如纯真的孩童,深的则有中年人的冷静沉着。因为这里是常绿阔叶林,冬天里叶子并不飘落,与严寒斗了一个冬天，如今见到新叶冒出，后继有人，也就放了心，终于渐渐枯黄，旷达地飘然而落。因此，山林里虽不见有红的紫的花，但光是绿色，就有了独特的韵律，像一首时而悠长缠绵，时而激流澎湃的交响曲。

高耸的柳杉整齐而坚强的树干，雄壮地耸立在山毛榉和榛树发光而透明的绿叶上面，像无数高插云霄的大笔，蘸万顷静谧为墨，比画了千年，思考了千年，却未在蓝白的天空中落下一字。也许，这已经不需要了，只有不学无术之徒，才四处涂鸦，夸示于人。真正的高人，总是在这片山林中选择静穆，笑看云起云灭。

杨略看得心中一片宁静，浑然没有在学校时的紧张了。

他们沿着石头小径向上攀爬，不多时到了一座小店。吃午饭时，太阳悠悠然出来，阳光投射到庭院中，柔和得有些过分，草地、路石、阶梯上像是抹了一层淡淡的金粉。而风细致地刮来，将人身上每个小汗珠都舔尽了，又用它微凉的手抚摸一下，人就感觉浑身舒泰，疲惫顿消。

下午继续上路，由于时间紧迫，并不上顶峰，而是在山腰上平平地走。天目山主要的景点都在这里呢，莲花峰、大树王、冲天树、四世同堂、开山老殿，他们一一路过，玩赏半天。尤其是大树王，虽已枯死，树皮也剥尽，却依旧需要数人合抱，实为壮观。树干上面，又探出一条绿枝，让人疑心是老树重生，细看时，却是小树生长于大树王的树芯之中，这倒有些像神话中鲧死后剖肚，生出了个大禹。

大自然就是如此神妙。

四世同堂乃是一丛银杏树，枝干探出于悬崖边，有高有低，有粗有细。粗者如虬龙盘旋而上，枝叶则云彩般团团然；细者却盈盈一握，似赵飞燕能做掌中轻舞。导游说这丛银杏树里有祖孙四代，同居一处，共享天伦之乐。一阵风过，枝叶沙沙私语，其中或有长辈训儿之声，或有孩童撒娇之音，自然也不乏莺莺燕燕之语，思之令人陶然。

一路玩赏，赞叹不绝，从莲花峰下来，面前突兀地立着一峰巨岩，顶天立地，如缩小版的华山危崖。导游解说："你们眼前的这块岩石，传说是女娲补天时遗留下来的。"这种解释虽不免穿凿附会，却也令同学们惊讶。

葛怡就问："那不是和《红楼梦》里的通灵宝玉一样了？"她今天穿了蓝黄相间的T恤，戴一顶鹅黄色的鸭舌帽，有点像小蜜蜂，格外俏皮可爱。

导游就笑了，说："是啊，它只要吸天地之精华，再修炼几千年，说不定也能成仙了。"

葛怡也笑了，说："说不定现在它就成仙了，正听着我们说话，并且记录下来，要写一本新的《红楼梦》呢。"

大家听到他们的对话，也都来了兴趣，嘻嘻哈哈说笑了一回，要让自己的话也出现在石仙的书中。

而杨略看着这块巨岩，却有些黯然。他抚摩着粗粝的岩石，看它锈满了菌斑，长出许多青草，因为刚下了雨，潮湿的石体上还长出了许多黑如木耳、湿若蠕虫的植物，让人看了烦腻。

这真的是补天遗留下来的石头吗？是因为什么，使得它不能闪烁于天际，给人间以光明呢？当然，可是说是命运使然。不过当他看着那些细草苔藓，突然萌发出这样的念头：也许它是被这些小植物束缚了脚步吧，让它的壮志渐渐消磨殆尽，这就像人一样，一旦为琐事缠身，就没有余暇去从事自己喜爱的事业了，到头来引以为恨。

"长恨此身非我有，何时忘却营营？"

他的脑海中突然浮现出苏东坡的词句，以前他只是觉得朗朗上口，因此背诵了下来，却一直不能理解，今天突然明白了，透彻了。人们总是被俗务缠身，失去了真实的自我呢。而自己应该怎样做呢？

这样想着，精神就有些恍惚，接下来的风景也飘然而过，印不到心灵深处去了。

回家当晚，他忽然有了感觉，提笔写了平生第一首诗歌，名字就叫做

《石崖》:

一座钟鼎形熔岩
一身铁黑的肌腱
被细草一针一针
缝在女娲的脚边
从此与星空无缘

啊,岁月
啊,岁月的菌斑

字词虽然幼稚,却是厚积薄发,以前的种种感悟融合在一起,就像一支焰火综合了各种燃料,突然点着,绽放出一天霞彩。写完后自己也觉满意,吟咏良久,次日就寄给校刊。校刊临近刊发,正缺稿子,一见这么优秀的诗歌,立即予以刊登。

语文老师上课让杨略朗读了此诗,并细加分析,屡次赞叹,有许多妙处连杨略也未能想到,心中自然喜极。而他的外号也由“小作家”,成为了“大诗人”。语文老师时常写诗,在诗坛上还略有薄名,此时发现了杨略的天赋,便时常加以指点,将自己数十年的所学所感尽数传授给他。

杨略如鱼得水,写作水平增长飞快,正有些飘飘然之时,忽然又收到倪甫清的来信。

杨略:

见字如面。

现在你正临近考试,虽然不能说三年之功,在此一举,因为学习的目的并非为了考试,不过通过这次考试,你能进入更高层次的学习,因此不得不重视。

我看了你的诗歌《石崖》，自己也是感慨颇多。想我自己以前也极有抱负，可惜至今还是碌碌无为，尽管在别人眼中是个事业有成者，可是和自己原来的理想相差何止千里。

你还年轻，并且这么早就开始考虑如何能让人生更有意义，那么，你的未来不可限量。

奥斯特洛夫斯基在《钢铁是怎样炼成的》一书中有一段现成的话，可以用来诠释生命的意义：

"人最宝贵的东西是生命，生命属于人只有一次。一个人的生命是应该这样度过的：当他回首往事的时候，他不会因为虚度年华而悔恨，也不会因为碌碌无为而羞惭。"

死于平庸，光阴虚度，这是一个人最大的悲哀。所以我们要敢于拒绝平庸，在短暂的一生中，做出一番事业，在历史长卷上留下墨迹酣畅的一笔，才不枉来这精彩的世界走一遭。

成功的桂冠，只钟情于那些不安于平庸，敢于挑战自我，追求卓越的人。每个人脚下都有一方土，但并非每个人都会踏出一条路。走向成功，应该从拒绝平庸开始。

·超越平庸，追求卓越·

超越平庸，追求卓越，这是一句值得我们每个人一生追求的格言。平庸是什么？是碌碌无为、是得过且过、是不思上进、是将美好的生命浪费在繁琐的小事上。超越平庸，就是不能随波逐流，全力以赴去做有意义的事，而且做得比别人好。追求卓越，就是在尽一切能力在现有的条件下创造一种最完美的境界。当然它不一定是"前无古人，后无来者"。

可我们却有很多人像你笔下的石崖，本来是一块栋梁之材，但是在学校里却养成了马虎的习惯，对作业也是敷衍了事，每天忙于杂事，结果导致成绩平平、胸无大志。这样的学生，即使从学校里毕业，走向社会以后，他的陋习也会束缚他的发展。

加拿大病态心理学家汉斯·塞耶尔在《梦中的发现》一书里，做出一个惊人也极其迷人的估计：人的大脑所包容智力的能量，犹如原子核的物理能量一样巨大。从理论上说，人的创造潜力是无限的，不可穷尽的。

要实现成功的唯一方法，就是在做事的时候，抱着追求尽善尽美的态度。多数人的失败不是因为他们的无能，而是他的心志不专一。无论做什么事，如果只是以做到"差不多"就满足了，或是做到半途便停止，那他绝不会成功。

我们可以活得平凡，但是绝对不能活得平庸。平凡是心平气和，在平平淡淡的生活中尽心尽意地去创造，尽心尽意地去付出。认认真真地追求，充实自己，完善自己，拥有一个美好的、有价值、有意义的人生。

我们拒绝平庸，不在温馨的风中驻留，不在美丽的梦幻中想得太久。即使我们此生不能获得辉煌，无法放光，但是只要我们梦想多了，追求过了，努力过了，那么，我们的生命本来就已经充满光彩，卓然不群了。好好利用上天赐予我们的种种能力，发挥全部的爱心和才华，我们的生命肯定不会虚度。

所以你要超越平庸，至少做到以下几点：一是有高远目标，有超越平庸的强烈追求；二是埋头苦干，不推脱，不敷衍，尽全力，超越永远凝结着勇气与汗水。成功者和失败者的分水岭就在于：卓越者无论做什么，都会全力以赴、精益求精、力求达到完美；而平庸者总是胸无大志，做事心志不专、马马虎虎、随随便便。

只要你心存改进的愿望，只要你渴望成为万众瞩目的人物，只要你有登上成功巅峰的强烈欲望，只要你愿意付出艰苦而有效的努力，那么你的追求会一一成为现实。

学习的质量往往决定今后工作的质量，而工作的质量往往会决定你的生活质量。所以，在学习中你应该严格要求自己，能做到最好，就不能允许自己只做到次好；能完成百分之百，就不能只完成百分之九十九。我最推崇古人的一句话："取法其上得其中，取法其中得其下。"不论你的成绩是中等还是已经上等，你都应该保持勤奋和永不知足的精神。每个人都应该把自己看成是一名杰出的艺术家，而不是一个平庸的工匠，永远带着热情和信心去学习。

·精益求精，尽善尽美·

我们常常说知足常乐，这固然也是一种生活态度，也不能说它不好。许多老年人胸襟旷达，满足于自己的际遇，每日优哉游哉，倒也延年益寿。可是对于一个年轻人来说，这种生活态度很不适合。年轻人应该有雄心壮志。因为年轻人是初出巢穴的雏鹰，你们的目标不应该只是和麻雀一样在一棵矮树上扑腾，你的世界在广阔的天空，你的翅膀应该掠过白云，划过蓝空，在无边的世界里自由地翱翔。要是一个人年轻的时候也说"知足常乐"，那么，你的生命之树如何能枝繁叶茂，如何能顶天立地，给大地一片浓阴呢？

《马太福音》中说道：一个大地主把他的财产托付给三个仆人去保管及运用。一个给了五千，一个给了二千，一个给了一千，就往外国去了。那个领了五千银子的人随即拿钱去做买卖，另外赚了五千。那领二千的也照样另赚了二千。但那领一千的去掘开地，把主人的银子埋起来了。

一年过去了，第一个仆人的财富增加了一倍，地主十分高兴；第二个仆人财富也加倍了，地主同样欣慰。接着他问第三个仆人："你的钱怎么用的？"

这名仆人解释说："我唯恐使用不当，所以小心埋藏了起来。你看，它们在这里。我把它们原封不动地还给你了。"

地主大怒："你这个又恶又懒的仆人，竟敢不使用我给你的礼物！"

于是主人夺过他这一千来，交给那二千和

知识点链接：

《马太福音》，《圣经·新约》首篇，讲述上帝之子耶稣出生、救世度人、被犹大出卖，直到被钉死于十字架，三天后复活的事迹。其中有许多言语发人深省，是横贯新旧约的完美桥梁。

五千的。他们有生产的就会更多，那没生产的话就会拿走。因为凡有的，还要加给他，叫他有余；没有的，连他所有的也要夺过来。把这无用的仆人丢在外面黑暗里，在那里哀哭切齿了。

这个可怜的仆人认为自己没丢失主人给的一个钱，主人就会赞赏他。因为在他看来，尽管没有使钱增值，但也没有使钱丢失，就算完成任务了。然而他的主人却并不这么认为，他希望他的仆人能够优秀一些，而不是让他的仆人顺其自然。他想让他们拒绝平庸，追求卓越。其中有两个仆人做到了——他们使他们的钱增值了，而那个愚蠢的仆人得过且过，没有任何作为。

所以，我们对自己也不能敷衍了事，凡事不求有功，但求无过，这样一辈子都不会有出头之日。我们要追求尽善尽美，学习工作时给自己制定一个更高的标准。只有这样，我们才不会受懒惰等不良习惯的侵蚀，我们才能竭尽全力，充分享受追求成功时带来的充实感。

精益求精、尽善尽美，是对超越平庸、追求卓越的补充和完善，当我们考试得了99分全班第一名时，在一片赞美声中我们怎么想？取得了一定的成绩是对我们的鼓舞，但是我们还存在问题，我们需要完善。当我们顺利地解答了一道数学难题的时候，我们怎么想？是否还可以用另外更好的方法解答，如果没有现成的公式，我们能否自己创新呢。这就是我要提倡的"不到黄河心不死，到了黄河绕九个弯"。在强者的字典里没有解决不了的难题。这就是卓越者的品格。

把永远追求完美，追求精益求精作为人生的信条，这是一件伟大的事。

如果你坚持追求完美，不允许自己有不尽力的行为的话；如果你能够在每一件事上严格保持自己高标准的话，只要你能够有毅力、有决心追求你的目标，你就一定会成功。

·终身学习，不断进取·

这里我所指的终身学习，不仅是指对知识的学习，更重要的是观念的更新，品德的完善。正如古人所说的"活到老，学到老"。

美国麻省理工大学的彼得·圣吉提出的《第五项修炼》正在世界风靡，该书提出的五项修炼是：自我超越，改善心智模式，建立共同愿景，团体学习，系统思考。其中作者将学习的定义为生命的源泉。

知识点链接：

《第五项修炼》，为彼得·圣吉所著，书中提出的五项修炼实际上是改善个人与组织的思维模式，使组织朝向学习型组织迈进的五项技术，包括"自我超越"、"改善心智模式"、"建立共同愿景"、"团队学习"、"系统思考"，该书深受企业领导阶层的认同与欢迎。

春秋时，晋平公作为一位国君，政绩不平，学问也不错。在他七十岁的时候，他依然还希望多读点书，多长点知识，总觉得自己所掌握的知识实在是太有限了。可是七十岁的人再去学习，困难是很多的，晋平公对自己的想法总还是不自信，于是他去询问他的一位贤明的臣子师旷。

师旷是一位双目失明的老人，他博学多智，虽眼睛看不见，但心里亮堂着呢。

晋平公问师旷说："你看，我已经七十岁了，年纪的确老了，可是我还很希望再读些书，长些学问，又总是没有信心，总觉得是否太晚了呢？"

师旷回答说："您说太晚了，那为什么不把蜡烛点起来呢？"

晋平公不明白师旷在说什么，便说："我在跟你说正经话，你跟我瞎扯什么？哪有做臣子的随便戏弄国君的呢？"

师旷一听，乐了，连忙说："大王，您误会了，我这个双目失明的臣子，怎么敢随便戏弄大王呢？我也是在认真地跟您谈学习的事呢。"

晋平公说："此话怎么讲？"

师旷回答说："我听说，人在少年时代好学，就如同获得了早晨温暖的阳光一样，那太阳越照越亮，时间也久长。人在壮年的时候好学，就好比获得了中午明亮的阳光一样，虽然中午的太阳已走了一半了，可它的力量很强、时间也还有许多。人到老年的时候好学，虽然已日暮，没有了阳光，可他还可以借助蜡烛啊，蜡烛的光亮虽然不怎么明亮，可是只要获得了这点烛光，尽管有限，也总比在黑暗中摸索要好多了吧？”

晋平公恍然大悟，高兴地说：“你说得太好了，的确如此！我有信心了。”

诚然，不爱学习，即使大白天睁着眼，也只能两眼一抹黑；只有经常学习，不论年少年长，学问越多心里越亮堂，才不至于盲目处事、糊涂做人。

在现代社会中，没有知识的人肯定是寸步难行的，更不用说开创一番事业了。当然，在我们国家改革开放的初期，确实有些人无知者无畏，靠做生意发了大财。但这仅仅是昙花一现，随着社会的进步，这种情况将不复存在。未来的世界肯定属于那种掌握了高新知识的人。

智者说过：“先充实自己的脑袋，然后再满足自己的口袋，不可本末倒置。”一个人贫困并不可怕，只要努力上进，逐步掌握各种知识，再通过灵活应用，肯定能改变自己的命运。

在当今社会，知识的更新日渐加速。要是你没有每天学习，不断充电，那么很快你就会被发展的社会毫不留情地淘汰。因此，无论何时何地，每一个现代人都不能忘记学习。可以肯定地说，只有那些随时充实自己、为自己奠定雄厚基础的人，才能在竞争激烈的环境中出类拔萃，笑傲江湖。

但是许多人从学校毕业以后就几乎停止了学习，仗着自己是某某名牌大学毕业，吃老本，动辄“我们在大学时怎么样怎么样”。这种人肯定不会再有什么进步了。相反，一个毕业于普通学校的人，时时注意旁边的事务，处处在意，时时学习，他们把社会当成自己永不毕业的学校，这样的人，迟早会进步神速、成绩斐然的。

有人认为学习太苦了，为了工作生活，不得已而为之，这样的认识就错误了。其实应把学习当做一件快乐的事。孔子曾经说：“朝闻道，夕死可矣。”用现代话说，就是当一个人从学习中突然得到了真知，那种快乐与富足，让人陶醉，即使让他在这时立刻死去，他也心甘情愿。

学习是如此快乐。这正如我们观察一座大教堂，从外面观察时，我们先看见大教堂的窗户布满了灰尘，非常灰暗。但是，一旦我们跨过门槛，走进教堂，立刻可以看见绚烂的色彩、清晰的线条，阳光穿过窗户在奔腾跳跃。对待学习也是同理，索然无味是因为我们没有深入其中，一旦我们领悟学习的真正本质，就会发现其中奥妙无穷、快乐无限。

树木要生长出绿叶、开花、结果，必须充分吸收大自然中的阳光、空气和水。一旦供给停止，生长也停止；吸收的能量越多，生长的速度就越快。同样，我们不从社会中学习，把社会教给我们的东西吸收并把它转化成能力，我们自己就会变得越来越虚弱，越来越无能，眼睁睁地看着时代的车轮绝尘而去。

如果我们不再学习，不再进取，我们的能力就会退化，甚至随时光流逝而飘散。能力不会永远留在我们身上，它也有生命周期，如果我们什么都不做，它就会从我们身上慢慢消失。自我提高的工具就是学习，而学习就在我们手上，让我们开始使用它吧。

如果你还在犹豫，那么请看看这条最严厉的法则："拥有知识的人会获得更多的东西，而没有知识的人会失去他已经拥有的。"

·趣味测试&魔鬼训练之追求卓越篇·

[训练题一]学会学习，终身学习。

古人曰："授人以鱼不如授人以渔。"从接受者的角度来说，学习捕鱼的方法比向别人要几条鱼好得多。

捕鱼如此，学习亦然。

从某种意义上讲，学会学习比学会知识更重要，因为，学会学习，就有了用之不竭的知识。

一个猎人到森林里去打猎，要准备猎枪和干粮。如果一个学生在学校里，只知道积蓄知识，而不懂得与此同时，掌握获得知识的方法，那么，他毕业后走上工作岗位就像猎人走进森林，只带干粮没带猎 枪一样。没有猎枪，干粮带得再多，也会很快地消耗殆尽。如果有一支猎枪，并能运用自如，那么还愁没有吃的吗？

现在请你静下心来，花几天时间认真总结一下学习方法。现在你是十六岁，你现在所总结的学习方法将指导你终身学习。

____

____

____

____

〔提示〕1. 好的学习方法，应该符合以下三个条件：符合认识规律；符合自己的个性特点；符合不同学习内容和不同教师授课特点。

2. 适合自己的学习方法时，可以从下列几个方面摸索与总结：不同学科的学习程序（要不要预习，先做作业后复习还是边做作业边复习）、预习方法、听课方法、复习方法、做作业和自我测试的方法、改错的方法和单元总结的方法等等。

3. 重视"方法训练"。接受方法指导后，必须进行"方法训练"。只有通过"方法训练"，才能检验方法是否有效，才可能使方法转化为技能。

[训练题二]成功需要激励。

不断激励，超越平庸，追求卓越，走向成功！

以下这些成功秘诀，将帮助你实现你的人生梦想，把它们背下来。

准备好了吗？预备——开始！

△ 正确的心态是事业的基础。

△ 有方法不一定会赢，没方法一定会输。

△ 诚恳地分享是沟通的金钥匙。

△ 敢做别人不敢做的事情，就能得到别人得不到的东西。

△ 心动不如行动，不动就会心痛，拥有锋利的斧，哪有劈不开的柴。

△ 困难的时候，也就是我们离成功不远的时候——成功难，不成功更难。

△ 不积跬步，无以至千里，不积小流，无以成江河。

△成功的黄金法则：只要你相信你会成功，你必定成功。

杨略，我的第十封信到这里已经写完了，也许是最后一次给你写信了。而我也欣喜地看到，你在这一年中发生了很多变化，你已经完全明白了成功者与失败者的根本区别之所在，无论是成绩还是为人处世，都渐渐成为了一个优秀的人。

注意，在这里我没有称你为“学生”，而是称你为“人”。因为学生只是人生的一个阶段，在这个阶段里，你真正要学会的是做人。

在这个过程中，也许你会说我的信起到了一点作用，但我要说的是，我只是帮助你洗净了身上的一些淤泥，找回了原来的你。只要保持现在的状态，我相信你会成为一个正直的人，真诚的人，健全的人，成功的人。

另外，我们见面的时间快到了。你准备好了吗？

祝你学习进步！

你的大朋友　倪甫清

4月29日

倪甫清又一次知晓了他的心境，当然这已经毫不意外，唯一意外的是倪甫清终于要露脸了。他到底是谁呢？杨略已经很久没有问这个问题了，似乎已经对倪甫清隐性的存在方式习以为常，正如大树以默立不动的方式存在，松鼠以蹦蹦跳跳的方式存在，倪甫清就是像神明一样飘浮在他的周围，时刻注视着他的行为，有时鼓励，有时指导，有时也挑刺。虽然倪甫清一直称自己是“大朋友”，但在杨略心目中，他是位真正的好老师呢。

如今倪甫清突然要与他见面了，虽然这是情理之中的事情，可他还是觉得有些慌乱。况且倪甫清也没有说好具体的见面时间和地点。到时候他会以什么方式出现在眼前呢？是仙人般腾云驾雾而至，还是乘着飞碟突然降临呢？

当然，现在是没有时间去多想了，眼前还有那么多课程需要复习呢。

超越平庸，追求卓越，这正是此刻要做的。

五一长假到了，说是劳动节，报纸上却花里胡哨的，全是各类商场的优惠消息。原本节日里厚重庄严的气氛为轻浮的消费狂潮一扫而空，似乎中国处处歌舞升平，可以大力鼓吹消费了。

杭州作为旅游城市，顿时人山人海，世界各地的人蜂拥而至，苏堤白堤上排成人龙，一些导游举着小旗子，混迹于人群之中，游人则每人挂块小牌子，小学生一样老老实实列队跟在后面。中间的人前后左右都只能看到人头，偶尔钻个空子看看一角湖水，几枝柳条。若能靠近小桥古亭，就立刻大喜过望，摆出各种造型拍照留念，回去后四处夸耀自己到过西湖时，照片便是凭证了。

这就是中国的旅游业呢，这就是中国的游客呢。

所以杨略虽然休息，此时却肯定不会上街，更不会傻乎乎去西湖边看人头了，每日只是学习。长假第四日，乃是五四青年节。这是一个逐渐被人忘却的节日。杨略也是早上看了新闻报道才意识到的。

可一九一九年的今天，那么多理想主义的纯真青年们走上街头，承担起救国救民的责任，用自己年轻的声音呐喊，希冀唤起民族的觉醒，国家的繁荣昌盛。那是怎样壮烈的生命之歌啊，那是怎样热血的青年们啊！他们是世纪的最强音，是最痛苦的人，也是最幸福的人，因此也是最值得纪念的人。

而今天从窗口望去，街头上那么多人，或匆匆赶路，或左顾右盼，千人千面，美丑并存。其中有几个为了自己的理想努力着呢？有几个是心系国家民族的呢？超越平庸，首先就是该超过这些碌碌众生吧。

杨略从窗口收回眼神，关了窗户，开始看自己的书。他想做的是补天的巨岩，在深蓝的夜空中闪烁一点晶莹的光亮，而不能被繁琐的小事羁绊了脚步。

爸爸偶尔过来，轻轻推开门，看了看杨略的身影，微笑着掩门出去。

第十一章

真理永远都是穿着普通人的外衣，在大街上平淡地走着，也许你偶遇了，却常常擦肩而过。

自从收到倪甫清所谓的最后一封信，杨略心里就有了惦念。走在街上，望着如流的人潮，有时就痴痴地想：倪甫清会是其中一个吗？或者说，他会以常见的装束出现吗？是西装革履戴框镜的教授模样，还是鹤发童颜长须飘飘的旷达老者，甚至竟是一位长裙翩然面容姣好的女子？他该是与自己熟识的吧，不然怎么能时时把握自己的想法；当然也可能就是仙人，从高远的天际倏忽上下，顽皮得像小说里的老顽童，却又能做深沉的思考……

杨略这样想着，心里悬悬的，不知为何还有些紧张。可倪甫清却一直没有出现，再加上考试即将到来，实在不能分心，此事也就渐渐淡忘了。

由于这学期董老师教学有方，张弛有度，同学们劳逸结合，也是劲头十足，到了考试前，大家心中都有了底，倒也不怎么紧张了。另外，想到毕业在即，而后各分东西，同学们平添几分依依惜别之意，也就格外珍视这最后的相处时光，大家关系十分融洽，磕磕碰碰的事情几乎绝迹。

因此，班里弥漫着一种温馨的气氛。

这一天，杨略到了教室，看见葛怡桌上堆了一大摞纪念册，几个人正挨个发着呢。他取了一本看，硬硬的封面上是一幅图画，淡淡的蓝色，一股子怀旧的韵味。一把石椅默立池边，有些残破，又布满青苔，边上的池水和青草，淡得像雾一般。石椅就这样沉浸在回忆之中，像是在等待某人的来临。是等谁呢？是逝去的少年光阴，还是旧日的一段情思？

图画边上题的是徐志摩的诗句：

轻轻的我走了
正如我轻轻的来

我轻轻的招手

作别西天的云彩

其实真正告别，哪能这么潇洒。杨略心里旋起一阵哀伤，仿佛旧日的光阴塞于一个狭窄的空间，如今豁然炸裂，种种记忆在心头急速展开、旋转，像一股龙卷风，而后渐旋渐缓，几乎定格了，一幕幕往事那般清晰，仿佛触手可及，伸手去时却又把握不定，缥缈无迹，最后让人觉得自己也漂浮起来，踏不到一处实地。在时光的长流中，人就是这样乏力无助吗？

杨略的眼前也有些不现实起来，原本熟悉的墙壁、讲台、桌椅，同学们熟识的脸孔，都有了异样的色彩，都敷上纪念册上那种淡淡的蓝色。他想：也许我眼前的这一刻，转瞬间又将变成往事，又要被时光的流水冲击着，浸透着，铅华渐次褪去。

于是心中就充盈着恩慈与珍爱：这些朝暮相处的同学啊……

他看着他们的一举一动，都感到格外亲切。尤其是葛怡，今天穿了米色的百褶裙，一件缀着白色小花的藏青T恤，纤长的身体敏捷地穿梭于桌椅之间，显得那般精致剔透，轻灵可喜。

他心里觉得甜美，但脑海中忽然浮现出这样的念头：以后还能看到她曼妙的身姿吗？还能这样静静地、满怀温馨地看吗？试想葛怡的花容月貌，将来不能朝夕得见，无处寻觅，怎不令人心碎神伤？到那时，即使重回此地，也不免只是刻舟求剑，看到的已然物是人非。不光葛怡如此，推而远之，则余振、凌霄、陈高照等人，也将从自己身边消失，无处寻觅。他几乎看见自己以后独自回到这里，身边流淌而过的皆是陌生的脸孔……

他眼中有些湿润，内心惆怅难言。

正痴醉间，忽然肩膀上着了一下，让他猝不及防，猛然一惊，似从高远的云端一脚踩空，身体疾疾坠落，内心也是惶惶然。回头一看，却是余振。

余振咧着大嘴，笑道："大诗人，又在多愁善感了？"

杨略怕自己凝视葛怡的痴呆模样落到余振眼中，不免一阵脸红，手足无措，竟忘记将眼中的泪花擦去，一会方掩饰说："今天发毕业纪念册了，下午拍毕业合影，要赶我们走了呢。啊……哈哈……"喉咙干涩地打着哈哈。

余振果然被转移了注意力，扔下包，抓了一本纪念册，看看封面，却瘪了嘴，说："瞧，好好的纪念册，被弄得这么惨兮兮的样子，何必呢？毕业多好啊。要是我来设计，肯定先印上蓝天大海，特开阔那种。"

说"特开阔"几个字的时候，举手齐眉，向外缓缓画出一段圆弧，看神态倒颇有战略家的魄力。

杨略分不清余振是在埋怨纪念册还是在开导他，或许两者兼有吧。余振就是这么开朗乐观，粗犷中又不乏细腻。杨略也笑了一笑，适才的不快也扫淡了一些。此时阳光透过窗棂照进教室，在地上留下方方正正的几块，让人感到了几分炎热，几声蝉鸣远远传来，这分明预示着考试的季节到了。

由于临近中考，学校想让同学们保证休息时间，就把晚自修取消了。因此下午拍完毕业合影，杨略便回了家。

路上四个人都没有怎么言语，可能是合影时大家都有了颇深的感触。不约而同地想到这条路上四人同行的时光已然不多，因此他们出校门以后一直推车而行。即使是平时最大大咧咧的余振，也露出细腻的一面，黝黑的脸上浮现出柔和的光辉。凌霄向来一惊一乍，猴似的不得安静，路上常为两边小摊上的物事吸引，东奔西窜，半大的孩子还是喜欢一些小玩具。今天他低着头走路，似乎马路上千变万化的图案，让他觉得其乐无穷，仿佛观看神秘幽邃的星空。

天体和大地原本相似相和，凌霄已经悟透这层道理？

四人正默默走动，不觉走到公园门口，余振建议道："我们去里面逛逛吧，反正回去也看不了书。"其余三人自然同意。

公园的一隅，也就是山坡脚下，密密地长着一地草坪，像一张绿色的虎皮平铺于地。四人围成一圈。余振枕着手臂平躺着，嘴里叼了根草茎，仰观白云优游。凌霄一手支头，侧躺成一座卧佛，看着山坡上的一丛茶花。茶花红艳之极，却有些残破，因此紫红得有些忧郁。葛怡没有其他女生的忸怩做作，大大方方地坐下，双膝合并，侧靠在一边，姿态很像丹麦海边的美人鱼，连目光也神似，远远地投向不知名处。杨略抱膝而坐，平平地抚摸着草坪，草茎在手下倒伏又亭亭立起，他忽见一处草皮营养特丰，草蹿得老高，极似烈马的长鬃，在风中轻轻飘扬。他一阵恍惚，竟觉自己身下是一匹巨大无比的天马，扬着猎猎长鬃，飞驰于白云之间。而这匹马将带我们去何处呢？

他问："你们毕业了都有什么打算啊？"声音很低，不像是在问别人，倒像是在问自己。

余振嚼着草茎，有些含糊不清地说："你和葛怡两个成绩那么好，进重高是肯定的了，以后进名牌大学，想读博就读博，要出国就出国，前途无量啊——"

最后几个字不像赞美，悠长得竟是一声长叹。想来心中郁郁，淤积了不少心事。果然他又说："不像我，成绩不上不下，不三不四。考重高没戏，进普高又没意思……"

凌霄借口说："你都这么说了，老孙还能说什么呢？这几次考试下来，老孙的成绩连普高都有点悬。难道以后去读什么中专技校？！"

他向来英英武武，顶撞董老师一事曾广为流传，成为同学心目中一颗响当当的铜豌豆。而现在他也露出隐秘的一面，倾吐着自己的哀愁。毕竟，每个人都有梦想。而与梦想的渐行渐远，不免令人神伤。

这时葛怡说：“其实你们不要担心，这几次考试难度确实挺大，学校的意思是不让大家掉以轻心。真的到了中考，应该简单得多呢。”

二人眼中就有亮光闪烁了一下，继而又黯淡了。余振说：“话是这么说，可我的成绩排名很靠后。中考试卷即使简单，也是大家都简单，我的名次估计是爬不上去了。”

凌霄听了，也是一声叹息，索性平躺在地上，双腿搭在一起，膝部弯曲，像耸起一座山峰，挡住他看茶花的视线了。而腿一放平，茶花的红艳又投入眼帘。他似有所悟，饶有兴趣地反复这个动作，腿一曲一伸，像一只爬行的尺蠖。

原来挡住视线的恰好是自己呢。

葛怡觉得奇怪，就问：“凌霄，你怎么了？”

凌霄没有把发现告诉她，只是说：“管他呢。死猪不怕开水烫，光脚不怕穿鞋的。我们能考几分就考几分吧。”

余振一听，胸中也是豪气顿生，一个鲤鱼打挺坐了起来，接口道：“车到山前必有路，现在就提心吊胆的干吗？我就不信，此处不留爷，还没有留爷处！”

凌霄挤眉弄眼说：“处处不留爷，爷去找八路。”

大家都被逗笑了，周围弥漫着快乐的空气。一阵风轻轻拂来，带着初夏的暖和，溶化了几个人心中的冰凌。和风持续不断地到来，几个人迎着风，就有了一点飞翔的快意。

杨略总结似地说：“我们今天能为明天作计划，但不需要为明天担心焦虑。你们这样想，恰恰消除了心事，减轻了压力，轻装上阵，说不定能超常发挥呢。这就叫‘置之死地而后生’，暂时不考虑前途，只是走好自己眼下的路，也许是最好的应试心理呢。”

余振凌霄二人喜道：“承你吉言。那我们也去无牵无挂地考一把吧。”

大伙嬉笑了一回。杨略说："以后我们几个走的路也许都会不同。十年后，我们大学刚毕业，事业也刚起步。那二十年后，我们事业都有了起色。如果那时候我们再坐到这里，不知会有什么感觉呢？"说着凝视着葛怡，眼中流荡着万千内容。

葛怡说："说不定那时候你已经成了作家了。大头适合经商，也许已经腰缠万贯了。还有凌霄呢，机灵古怪的，去做电脑黑客得了。"

凌霄一听合了胃口，说："好，老孙就去做电脑黑客，不，电脑侠客，专门劫富济贫。"

杨略问："那葛怡你呢？以后想做什么？"

葛怡却有些为难，说："我也想不好。虽然在别人眼里，我的成绩不错，以后考重高、上名牌大有盼头，其实我也挺尴尬的。我不像你们那样有特长，以后可以按适合自己的方向发展。我是每门课都过得去，却不特别冒尖。总分是高的，但太平均了，没特点了。爸爸让我学外语，说是现在外贸很吃香。可自己又不大乐意去。说到理想，我恰恰是最缺乏理想的……"

杨略说："我刚才不是说了吗？今天可以为明天计划，不要为明天担忧嘛。我们现在才初中毕业，等你读了高中，也许就遇到自己特别喜欢的了。到那时再好好培养发展也不迟啊？"

葛怡一笑，说："瞧你，倒像个老师了。"眼睛定定地看着杨略，对视了几秒，脸上一红，低下头去。

话说得投机，不觉红光从林后升起来，抬头看去，半天的轻云，被夕阳渲染得反映出各种匀和的色调来：已经是薄暮时分了。

葛怡纤长的手臂举到空中，伸了个懒腰，说："时间差不多了，我们回去吧。"

几个人拍拍身上的草屑，站了起来，脸上还带着未尽的笑意。杨略一直把微笑带到家，上楼时还哼着不知名的歌曲。

回家便吃晚饭，饭后他径直走回房间，却在书桌上看见一封信，自然是蓝色封面。不同的是，这次信封上没有邮票，只有“杨略收。倪甫清寄”寥寥几字，而且是手写的。看着这些字迹，他心里一咯噔，觉得自己似乎在哪里见过。

带着疑问，他打开信。里面也是清一色的钢笔字，灵秀圆润，让人觉得亲切自然。

杨略：

见字如面。

你一定在等待我的出现，而且你也一直在猜测我应该是怎样的一副尊容。不过现在我先不说，我想和你说说我的成长历史。

我的童年是在浙南的一个世外桃源般的山村度过的。但事情往往是这样，风景越优美的地方，往往也是最封闭落后的地方。我的童年虽然无忧无虑，但由于地处偏远，看不到外面的世界、听不到外面的声音。幸好，母亲是南下干部，还是中学老师，都属于知识分子，闲暇时候常给我们讲一些伟人童年时的故事。我的记忆中至今还保存着这样的场景：

夏夜，几阵凉风吹过，溽暑稍稍退去，月光水一般流淌到我们的小院里。在樟树下，我们摆了几张矮凳。母亲坐在中间，我们兄弟在旁边，有时候也有邻居的孩子旁听。母亲摇着蒲扇，许多故事就从她的口中滔滔流出来，讲到岳飞，讲到毛泽东。我们托着腮帮子，一边听故事，一边抬头看着夜空的星星，脑海中浮现着一个个英雄的形象，他们让我小小的心灵汹涌澎湃，激动不已。

中学时我进了县二中，学校就坐落在仙岩，旁边还有个梅雨潭，因为朱自清优美精致的文笔，它一直很有名气。我当时住校，学习自然比较忙，但一有空闲，我就跑到山上，学少林长拳、背课文、背古诗，对着梅雨潭高声朗诵自己写的诗“万丈悬崖中断开，碧水怒涛滚滚来。白龙飞舞去不还，奇声妙语终年在。”虽文笔稚嫩，却读得豪情万丈。累了就躺在岩石上、山谷里，望着天空上悠游的云朵，看着它时时的变化，种种的形状；耳朵像一对空空的盅儿，承接着从无穷尽的天空滑下来的声音，让我感觉到一种和谐，身体与宇宙的和谐统一。

而我的思想也在天空中自由驰骋，想象着人生，向往着未来。

当时正值七十年代初，物质生活自然十分贫乏，而精神生活也不富足，不像你有大堆的书可以看。我平时所能见的，只是几册课本，还有就是红彤彤的《毛主席语录》。我们住在学校，暑假时我常常趁人不注意，悄然溜进校图书馆，在书的海洋中尽情畅游，又时时怕人看见。那种兴奋、紧张的感觉，在我看来，是读书的最佳状态。当然，也有几次被管理员发现，我惶惶欲逃，他却宽容地一笑，眼睛中还有异样的光彩。

当时我看的书很杂，除了《青春之歌》《红岩》之类的革命文学作品，还读了一些外国小说，它们为我开启了一个别样精彩的世界。当然，最让我喜爱的是一些名人传记，我在他们的身上，学到了很多东西，特别是获得了一种精神方面的力量。

我还清晰地记得《钢铁是怎样炼成的》当中的一段话：

“人最宝贵的东西是生命，生命属于人只有一次。一个人的生命是应该这样度过的：当他回首往事的时候，他不会因为虚度年华而悔恨，也不会因为碌碌无为而羞惭；这样，在临死的时候，他就能够说：‘我整个的生命和全部的精力，都已献给世界上最壮丽的事业——为人类的解放而斗争。’”

记得当时看到这段话时，我浑身一战栗。站起来看四周的书架、窗外的风景，我觉得一切都变了。我感觉到死亡的威胁，它在四处弥漫，随时都可能猛扑上来。我第一次感觉到生命的短暂，还有因为短暂而显示出的珍贵。

在这短暂的生命旅程中，我应该做出一番事业，我不能虚度光阴。

在图书馆略显阴暗的角落，我握紧拳头，内心燃烧起一团烈火。

从此，我树立了自己的理想，每日不再悠游嬉戏，而是抓紧一切时间潜心学文习武，心中的那句"长风破浪会有时，直挂云帆济沧海"让我总是充满热情。

知识点链接：

"长风破浪会有时，直挂云帆济沧海"，见李白《行路难》第一首："金樽清酒斗十千，玉盘珍羞直万钱。停杯投箸不能食，拔剑四顾心茫然。欲渡黄河冰塞川，将登太行雪满山。闲来垂钓碧溪上，忽复乘舟梦日边。行路难，行路难，多歧路，今安在？长风破浪会有时，直挂云帆济沧海。"诗里以行路艰难比喻世路的艰难，抒发了不平之感和继续追求理想的愿望。

在我念中学的时候，我立志要成为文学家、生物学家、军事家、大元帅，也明确自己究竟为什么而读书。我有过许多爱好、做过许多有价值的实验。我曾一度雄心勃勃地熟读各类兵书，起草了一份解放台湾的战略、战术方案，寄给了中央军委。当然，这套幼稚的方案并未被采纳，但我的理想却在以后的生活中一直激励着我走向成功。在社会的海洋里，我因为有了理想这个坚定不移的罗盘，我的生命之舟才一直没有偏离方向；也正因为有了理想这个厚实的压舱物，我才没有被滔天的巨浪所颠覆。理想伴随着我一步一步走到今天，虽然相对于那些经天纬地的伟大人物来说，我的成就还微不足道。但是我可以自豪地宣称：我的青春时代没有虚度，我的大好年华没有荒芜。

从上山下乡到参军当兵，从医药卫生到企业管理，从发明创造到出国留学、从工业设计到市场营销，从企业高层管理到专家教授。三十年，风风雨雨，起起落落，多少辛酸，多少感慨。在失败与成功的边缘艰难地行走，终于让我慢慢地明白了：成功需要知识、智慧、努力和奋斗，成功更需要个性、品德、修养和好习惯。这些都会直接影响到一个人一生的成败荣辱。

今天我在别人心目中算是成功人士了：写书立著，奖项不断，有别墅洋房，高级轿车，年薪上百万。但是我知道，我必须不断地努力，否则"不进则退"。

我的工作座右铭是："竭尽全力，超越平庸，力求精准，选择完美，追求卓越。"我以这句话和公司的同事们共勉，让公司充满生机，更好地为社会服务。

往事如烟，得失都需反省，"鉴于往事，有资于治道"，我深深感悟总结为长信中的十项品德修炼——理想、毅力、勤奋、自信、爱心等等。言为心声，在我写这些信时，我是用心在说话，尽管这些信并没有华丽的辞藻、精美的修饰，但却有着我四十年的人生积淀，中年人朴素的肺腑之言。难道这还不够珍贵吗？真理永远都是穿着普通人的外衣，在大街上平淡地走着，也许你偶遇了，却常常擦肩而过。

在信中，我袒露自己的内心，希望你站在光阴的这头，回首看看我走过的路，再对比你自己走过的路，然后扪心自问，看看你的脚步是否踏上了成功的征途，你手中的武器是否足以让你清除未来形形色色的障碍物……

略略，看到这里，你该知道我是谁了吧？意外吗？应该有点吧。我承认，平时我总是忙于公司里的事情，很少有时间和你交流，因此我们没有其他父子那样的亲密无间。我也意识到这一点，努力要做得好些。可是让我与你推心置腹地谈话，我常常觉得局促、尴尬。这很可笑是吗？可我确实面临这个问题呢。

后来我看了《傅雷家书》，还有刘墉的一些书，忽然想到书面交流的方法。在写的时候，我童心又起，就写了匿名信，增加神秘感。因为我知道你都喜欢探究神秘的东西，每次电视里有探索宇宙奥秘、地球未解之谜的时候，你就茶饭不思，全神贯注。我也希望你看我的信的时候，也能这样全神贯注。而且我也不想马上暴露身份，这样我才能慢慢地观察你，了解你的困惑和需求，然后适时地加以指导。

知识点链接：

《傅雷家书》，我国著名文学翻译家、文艺评论家傅雷将写给儿子的书信编纂而成的一本集子，摘编了傅雷先生1954年至1966年6月的186封书信。字里行间，充满了父亲对儿子的挚爱、期望，以及对国家和世界的高尚情感，是一本优秀的青年思想修养读物，是素质教育的经典范本。

因此我化名“倪甫清”，其实你多读一遍就能发现，“倪甫清”就是“你父亲”的谐音。另外，我怕你看出我的字迹，就用了打印稿。你有几天看见我在电脑上写东西，你以为我在写小说，其实我就在给你写信呢。

经过一年的时间，我总共写了十封信给你，谈论的内容也从理想谈到了修养之类。我欣喜地发现，一年里你的身上起了不可思议的变化。这种变化，不仅仅是在学习成绩上，更在为人处世上，你已经显得那样通情达理。

看着你的成长，我有时不免想起我走过的坎坷路。也许，我该和你说说这些，我的成功，我的失败，对你走以后的道路会有些借鉴作用，所以就有了今天这封信。同时，你也能从中加深对我的了解。知己知彼，我们才能做一对亲密无间的好父子。

你不也很向往这种状态吗？

一不小心，信又写得这么长了，有些地方言语不免啰嗦。先写到这里吧。我希望下次交流，我们能面对面袒露心怀。

当然，你现在的主要任务是中考，按照你现在的成绩，考重点高中已经不成问题。不过也不能掉以轻心，好好休息，以平常心去对待考试，才能考出好成绩。爸爸永远支持你。

祝你考试顺利。

你的大朋友　倪甫清

6月1日

杨略看完信，靠在椅子上，心潮起伏，不觉热泪盈眶。他确实一直没有想到，倪甫清居然就是平时不苟言笑的爸爸。回想起来，爸爸确实是最了解自己的人，而且在信中曾不止一次地透露了自己的身份。就在第一封信中，倪甫清让他去楼下花园小憩，如果不是爸爸，还有谁能这么清楚地知道楼底有花园；后来他曾告诉爸爸陈高照的事情，而在不久收到的信中，分明写着“听完你班上昨天发生的故事，我真的非常感动”这句话，而自己当时根本没有明确地意识到。还有在老家过年的时候，他居然也收到了信，当时觉得很奇怪，以为倪甫清真是神人，能够时刻知晓他的动向，可现在看来并不奇怪，爸爸不一直在自己身边吗？那天晚上还分明听到了爸爸敲击键盘的声音呢，而且那封信还没有邮戳呢……

这么多显而易见的提示，可笑自己一直没能发现。

杨略觉得自己太笨了。当然，也有可能是他太希望有奇遇了，太希望看见神仙或是外星人了，以至于忽略了身边最关心自己的人。是啊，我们总是习惯于将目光投向远方，四处寻觅，以为那个人会以某种炫目的方式辉煌地到来，其实这个人，往往已经在身边默默关爱着自己了。生活毕竟是流水一般，平静的时候居多，而波澜壮阔的机会仅仅是少数。从这平淡的生活中，发现的美与温情，才是最为扎实可靠的。

他觉得心里热热的，目光投向窗外。此时夜色已经笼罩了城市，从打开的窗户里，拂进宁静而柔和的风，窗帘轻轻摆动。枫杨葱郁的叶子在夜色中显得一片墨绿。夜越来越静，他突然觉得有一首诗在脑海中成形，可写下来总是词不达意。于是稿纸写了又涂，涂了又写，最后索性将笔抛到一边，身子躺进圈椅，闭上眼睛，心想这种感动真的难以言说呢，过了一会，内心里也渐渐呈现出一片宁静空灵。然后睁开眼，在稿纸上随意写下一些诗句：

我难以言说信中的感动
我写下一行行诗句
却总在内心外游离
像一朵花在静夜里绽放
昆虫却慌乱得撞向玻璃

我放下笔

想窗外静息的鸟巢
想池塘上升起的薄雾
一阵夜风掠过窗前
窗帘欲言又止

身边越来越静
多好,就这样听一支笔的呼吸
听它轻轻地啄着稿件
一首无言的诗
悄然降临

写完略作修改,竟觉得比以往写的诗都要好,而且这首诗好像不是写的,而好像原本就有的,自己只是将它抄录下来罢了。他相信了语文老师的话,诗歌真的是天赐。

正觉得惊异,忽然身后响起开门声。他回头,爸爸推门进来,看见杨略书桌上拆开的信,脸上却有些尴尬的表情,转身想掩门出去。爸爸还是这么含蓄。

"爸爸。"杨略叫住了他,眼中噙着泪花。

爸爸站住了,一时有些拘束,脸上挂着僵硬的笑容。父子俩就定定地凝视着对方,谁也没有言语。

当然,这已经不需要了。

一片宁静包裹了整个房间,大楼,城市,甚至整个大地。只有虫子在草丛中互相和谐着、响应着。一轮满月升起来,银亮亮地游弋于空际,大地沐着它的清辉,像是得到了抚爱,都平静下来,享受人世的美好与温馨。

明天又是十五了。

尾　声

今年因为是中考，所以杨略早早地便享受到了假日。考试一结束，还没等成绩出来，爸爸就带他去了西安。因为杨略素来喜欢古文化，而西安无疑是最好的选择。

杨略自觉成绩不错，玩得也很尽兴，几天内游览了大小雁塔、陕西历史博物馆，还有钟楼鼓楼，最后免不了去了兵马俑。历史沉淀为具体的物事，在他眼前缓缓展开，以沉默的方式，倾诉着沧桑和风云。杨略突然觉得，自己继承着这数千年的光辉，也应该是数千岁的老者了。

十六岁的光阴，正是数千年，乃至数亿年的浓缩，他的生命也应这般空阔。

回来后他立即去了学校，此时成绩恰好公布，杨略和葛怡双双上了重高，而且如愿以偿地进了同一所学校。余振和凌霄果然光脚不怕穿鞋的，成绩比平时高出许多。余振分数恰好够到重高，学校比杨略的稍次一些；而凌霄略微差点，只能上普高，不过肯定是学校的尖子生了，他自己也相当满意。

而陈高照却十分失意，肯定是父亲的期盼给他造成了很大的压力，中考居然发挥失常了。本来是全班数一数二的成绩，却一落而至十名开外，离重高线十几分。看到这个分数，他一阵眩晕，瘫软在地上。同学们大惊失色，将他扶坐在座位上。葛怡拿了块湿毛巾给他敷上。过了半晌高照才清醒过来，没有流泪，也没有言语，整个人陷入无意识的混沌之中。杨略急忙去叫班主任董老师，可找遍办公室也不见人。

他心里焦灼万分，急急地出了办公室，猛然见一个人走来，仓促间停不下脚步，就一头撞了个满怀。抬头一看，喜出望外。这人竟是董老师。

原来董老师早就知道了消息，而且已经为他奔波过了，事情已经有了眉目，正一脸喜气回到办公室。两人见面，听杨略简单说明了情况，二话不说，一起赶回了教室。

教室里陈高照已经缓过来，但眼睛瓷瓷的，不见往日神采，原本就有些蜡黄的脸，更是显得苍白，像一棵在风中颤抖的单薄的小树。无论谁看了他都会哀叹考试的残酷，学子的艰辛。

董老师看了心疼，摸摸他的额头，柔和地说："高照，你不用担心了。你的事情我去教育部了解了。按照规定，你曾经在数学奥林匹克竞赛中得过全国一等奖，在中考中可以额外加上20分。所以你上重高没有问题的。"

陈高照一时难以相信，抓住董老师的手想要证实，嘴巴动了几下却说不出话。

董老师微笑着点点头，同学们也纷纷表示祝贺。

陈高照这才信了，眼角却淌出两行眼泪。短短的时间里，他从大悲到大喜，一会在暴风雨中淋了个透彻，身体寒冷得如同坠入冰窖。正在绝望之时，突然云消雾散，艳阳高照，气温也陡然升高。体内温度尚低，而体表却沐浴了阳光热热的照耀。这确实是让人很难承受的。

杨略无端端想到《儒林外史》里范进中举时的癫狂举动，于是轻轻叹息了一声。当然，高照能上重高，他还是欣慰的。毕竟，高中是个新的开始。

中考一事尘埃落定之后，根据张老师的提议，杨略同爸爸商量把那十封信编集成一本书，让更多人受益。爸爸起先有些犹豫，认为自己的文笔还不到出版的水平。不过杨略信誓旦旦地说，文字修正工作由他和葛怡、凌霄、余振四人负责，使之更适合中学生阅读。爸爸心里高兴，也就同意了。

在修正过程中，凌霄擅长电脑绘图，就负责了插图设计。余振虽写不好文章，却天生是个挑刺的能手，因此做了顾问。而主笔的自然是杨略与葛怡。

一天，杨略忽然提议，让陈高照也参与编写工作。这样一可以发挥他的特长；二可以名正言顺地付给他一些报酬，让他在高中里不再为生计所迫；三还可以让他从中考的大起大落中恢复过来，轻松地迎接高中生活的来临。

由于陈高照随着爸爸在工地上帮忙，因此颇为难找。杨略经过辗转曲折的寻觅，终于在高照阿姨处得知了工地的电话。电话一接通，对方就是一句："谁啊？"声音蛮横而突兀，让杨略联想到对方肯定是个满脸横肉、袒胸露肚的包工头，像自己的堂哥杨祥那样，说话颐指气使，走路摇头摆尾、趾高气扬。这样想起，心里就有几分讨厌。

对方不耐烦了："说话呀。喂！他妈的！"

杨略有些慌神，说："请问陈高照在吗？"

"什么陈高照，没这个人！"

"哦，他爸爸叫陈双喜，是你们工地的。麻烦你叫一下好吗？"

"你早说双喜不就得了吗？真是。你等着！"只听"咔哒"一声，是话筒重重放到桌上了，然后一个声音高呼着远去，"双喜——双喜——有电话找你儿子。快点！别磨磨蹭蹭的！"

远远有个声音飘来："知道了，马上来。"接着又响起急促的脚步声。

"喂，谁啊？我是陈双喜。"声音有些苍老干涩，但语气分明是惊喜，隐隐还混杂着慌乱。想来，他的电话极少。而且，这种电话带来的消息要么是喜事，要么是噩耗。

杨略定了定神，说："叔叔，我叫杨略，是高照的同学。我们在编一本书，想请高照来帮忙。"

"什么？编……编书？我们高照能帮什么忙啊？"似乎有些不信。

"是的，我们在编一本关于中学生的书，高照作文写得好，所以想请他也来写。"

对方喜极，竟然不知如何说了，只一味说"好"。末了，还加了一迭声的"谢谢"。

杨略告诉他见面的地址，而后挂了电话。在回来的路上心想：原来高照住在这样的地方，周围的人都粗陋不堪，他怎么能学习得进去？而他爸爸望子成龙，肯定不希望他混迹其中，因此听到有人请儿子去做编书这种体面干净的事情，自然喜出望外，甚至有些受宠若惊了。

看来，自己的举动无形中还给他们父子增添了许多光彩。陈高照的爸爸现在肯定逢人便说他儿子在编书的事情了。

第二天高照就来了，他特意穿得整洁，但雪白的衬衫上，纽扣扣到最上面一颗，西装裤下面是一双几乎在市面上绝迹的布面回力鞋，整个人显得拘束。见了杨略爸妈，也是十分拘谨。当然，编书开始以后，他便显示出自己的机警与灵性，常常有极好的见解，让其余几个叹服不已。

那些天，他便吃住在杨略家。杨略家人很喜欢这个朴实好学的孩子，而杨略爸爸更是从他身上看到自己刚刚从农村出来的样子，自然感到十分亲切，好饭好菜招待之余，还时常给他买些衣物。人靠衣装马靠鞍，这么一拾掇，陈高照出脱得十分帅气。而脸上的朴实之气，更让人觉得诚挚可靠。

编书就在杨略家进行。白天爸妈上班后，家里就留下五个小的，空气自由而快乐。五人有商有量，有说有笑，暑假就在这种充实有趣的氛围中过去了，等编写工作完成，时间已近开学。

这天雷雨初霁，空气清新，温度凉爽，在杨略的安排下，五人一起爬上楼顶，开了次庆功会。因为暂时没有了升学的压力，心里又有成就感，他们飘飘然像五只气球，在黑瓦上轻松躺下，抬头看着空阔的蓝天。

这是十六岁的天空，湛蓝得不带纤尘，虽淡淡的有些浮云，偶尔也会凝结成雨，却将这块蓝宝石清洗得分外明净。

他们躺着，似乎蓝天是封面，大地是封底，而他们是一叠未尽的书稿，刚刚写了十六页，翻开的一页，是写完一半的稿纸，阳光和时间正携手在上面轻轻地描绘着蓝图。杨略回想起去年的暑假，自己一个人百无聊赖地坐在这里看天空，不由觉得恍然如梦。那时候的他，站在屋顶，像是脱离了土地的豆芽菜，瘦小干枯，弱不禁风。而今天他只要伸出手臂，似乎就扎根在了天空，可以汲取到无尽的力量。

不知谁说了什么笑话，几个人笑得前仰后合。此时一群鸽子从城市的某个角落里飞起，洁白的身影在蓝空中不住盘旋，杨略疑心这是自己的笑声，化作可见的形体，在十六岁的天空里回荡，那么清亮，那么悠扬……

后记

有两件事情让我萌发了写这本书的念头。

第一件事是我看到了一份调查结果。明略市场策划有限公司就中学生对未来和理想的想法,进行了一次抽样调查。这次调查是以随机抽样的方式对上海市11所中学的初、高中学生进行的问卷调查,样本量为372名。

调查显示,92.9%的中学生希望成为有才华的人,有64.3%和78.6%的学生分别选择了有钱和有权,71.4%女生选择有貌,39.3%的男生选择英俊。用很现实的目标代替了远大的理想,这几乎是这个时代的特征,中学生也不能例外。

许多中学生存在十大问题:追求自己的理想的过程中,只求结果,不重过程;与人交往过程中,只要他人理解,不知理解他人;对于各种娱乐游戏,沉湎其中,难以自拔;对于自己的能力才干,想要表现自己,又不知怎样才算是展现了自己的风采;对于自己的分数,想取得令人羡慕的成绩,又不肯在平时下功夫;对于自己做错的事,先是自己极力找借口,再是压力下的被迫承认,不知深刻反思;对于自己遇到的一点困难与挫折,知难而退,而不会越挫越勇,迎难而上;对于自己的父母要求甚多,回报、体谅甚少;面对自己的责任,逃避多于承担;对于他人的长处与自己的不足,不能取长补短,只知自我欣赏与妄自菲薄。

一代人的理想在某种程度上标志着一个时代的特色,中学生的现状令人担忧。

第二件事情,是我无意中看到儿子陆志洲写的一篇文章,题目是《不同的年代,不同的希望》,看完心中良多感慨,特将全文抄录如下:

在40年代的他们——战乱之中，衣不整食不饱，那时的他们希望丰衣足食。

在60年代的你们——遇到空前的劫难，生活苦不堪言，那时你们希望岁月平安，吃好穿好。

在21世纪的我们——有漂亮的衣服、鲜美的食物，但贪婪的我们更希望天天吃上肯德基，天天穿上耐克衣。

我们不需要回想40年代的解放战争，60年代的文化大革命。因为那充满杀气和血腥的战场，那动乱的年月，距离我们已经那么遥远。其实我们只需打开电视机，就可以回顾以前艰难的岁月、壮烈的年代，可懒惰的我们却连电视都不打开，只愿沉醉于电脑的虚拟世界中……

或许我们能在虚拟世界中得到快乐，可是在现实世界中有大作为才是真英雄。

希望生活在21世纪里无忧的少年们，也能醒悟过来。

原来现在的少年，虽然衣食无忧，心中也有忧患意识，也知道“在现实世界中有大作为才是真英雄”。这让我对下一代也充满了信心。

这两件事情一正一反，让我思考了很久。

梁启超在《少年中国说》中赞曰：“少年智则国智，少年富则国富，少年强则国强，少年独立则国独立，少年自由则国自由，少年进步则国进步，少年胜于欧洲，则国胜于欧洲，少年雄于地球，则国雄于地球。”在新世纪的中国，少年更是国家的希望。

中学生是从少年到青年的过渡期，又是中考、高考的关键时期，如何通过品格上的提升，突破学习上的障碍，为人生的发展打好学习和命运的基础是至关重要的。先哲说“个性决定命运”，个性包括了品行、性格和习惯。如何完成从平庸者到卓越者的升华，是每个人梦寐以求的事，它需要具备优良的品德基础，需要经过不断的感悟、修炼和升华。

少年时，人生的梦想已经开始编织，人生的蓝图已经开始描绘。哪一位青少年不想成为未来的成功者？人生的起点几乎是相同的，但是结果却完全不同，要成为卓越者，关键是你是否有决心去为之努力。

我是个喜欢回忆的人，我常常会记起自己成长的点点滴滴，有许多收获，自然也有许多遗憾，如今人到中年，我觉得很有必要把这些写下来，让下一代知道，在人生旅途中，哪些事情是重要的，必须做的，哪些是不好的，要力求避免的。这是身为长辈的责任。

也许时代不同，年轻人的想法观念都会不同，但是日光之下，并无新事，归根到底，人的成长旅程都是相仿的，特别是伟大的人，他们的心路历程更是惊人的相似。我不是伟人，但经过多年对人生的感悟，我已经知道如何能成长为一位卓越者。经过近一年的笔耕，便有了这本书。

写书是甜蜜的，因为心灵与往事轻轻撞击，产生那么多耀眼的火花，让我欣喜，让我陶醉；写书是辛苦的，我必须剖析自己的心灵，审视身后的路途，痛苦与欢乐一起涌来，我在其中提炼出人生的真言。也许它不是真理，但却是我的肺腑之言。

本书是从十个方面一一阐述，逐渐完美你的品格。每一部分核心内容都用神秘的来信出现，全书以中学生的故事为线索穿连，还有练习题帮助思考、巩固。亲爱的孩子们，本书不仅供你阅读，更是供你体验。也许你在学习中遇到了困难，也许你总觉得低人一等，也许你没有很多朋友，也许你心中的问题还有林林总总。那么通过阅读本书，按照本书所提供的例子一个个实践下去，最终化为自己行动规则的一部分，有一天你会发现，在你有趣的阅读中，精神已在潜移默化中得到提升，生活与学习也充满信心与动力，而成功离你并不遥远。

本书得以顺利完成，我要衷心感谢我的学生柳伟平，因为他辛勤的劳动、优美的文笔，和我写成初稿后，还别具匠心地增添了生动的校园故事，将初稿内容变成父亲给儿子的匿名信，显得更加温暖动人；我要衷心感谢儿子的班主任——采荷中学的优秀教师张建刚，因为他提供的帮助和部分案例,才使本书更贴近中学生的生活;感谢著名企业教授唐渊先生为本书加深品格修炼所设计的训练题,使读者能得到更多的受益;最后还要感谢出版社和编辑的支持,本书以最快的时间能与亲爱的青少年朋友见面。

尚 阳

你在为谁读书

一位 CEO 给青少年的礼物（珍藏版）

尚阳　余闲　著

图书在版编目（CIP）数据

你在为谁读书：一位 CEO 给青少年的礼物：珍藏版／尚阳，余闲著. —修订本. —武汉：长江少年儿童出版社，2013. 1

ISBN　978－7－5353－7101－0

Ⅰ. ①你…　Ⅱ. ①尚…②余…　Ⅲ. ①个人—修养—青年读物②个人—修养—少年读物　Ⅳ. ①B825-49

中国版本图书馆 CIP 数据核字（2012）第 113969 号

出版发行： 长江出版传媒　长江少年儿童出版社

出 品 人： 李旭东

社　　址： 武汉市雄楚大街 268 号出版文化城爱立方大楼　**邮政编码：** 430070

业务电话：（027）87679174　（027）87679786　**电子邮件：** cjcpg_cp@163.com

网　　址： http://www.cjcpg.com

承印厂： 湖北恒泰印务有限公司　**经销：** 新华书店湖北发行所

规格： 680 毫米 × 980 毫米　**开本：** 16 开

字数： 190 千字　**印张：** 14.75

印次： 2013 年 1 月第 1 版，2022年2月第 22 次印刷　**印数：** 195 001–200 000

书号： ISBN　978－7－5353－7101－0　**定价：** 35.00 元